女神经过

一诺 闪闪 爱玛 华章 编著

中国纺织出版社

图书在版编目（CIP）数据

女神经过 / 一诺等编著. —北京：中国纺织出版社，2015.4（2024.7重印）

ISBN 978－7－5180－1445－3

Ⅰ.①女… Ⅱ.①一… Ⅲ.①女性—成功心理—通俗读物 Ⅳ.①B848.4-49

中国版本图书馆CIP数据核字（2015）第050884号

策划编辑：陈 芳　　　　责任印制：储志伟

出版策划：赞赏社交出版平台
中国纺织出版社出版发行
地址：北京市朝阳区百子湾东里A407号楼　邮政编码：100124
销售电话：010—67004422　传真：010—87155801
http：//www. c-textilep. com
E-mail：faxing@c-textilep. com
中国纺织出版社天猫旗舰店
官方微博：http://weibo.com / 2119887771
永清县晔盛亚胶印有限公司印刷　各地新华书店经销
2015年4月第1版　2024年7月第4次印刷
开本：880×1230　1/32　印张：10
字数：183千字　定价：78.00元

凡购本书，如有缺页、倒页、脱页，由本社图书营销中心调换

女神经过　　　　一诺画作

修炼之路　　　　　一诺画作，临摹渃飧姊原作

滚滚红尘　　　　一诺画作，创意来自画家王雷

凡人妈妈　　一诺画作

任逍遥　　　　一诺画作

序一｜我们这一年

2014 年 1 月底，离老三预产期 20 天的时候，晚上我和先生华章在床上 YY，说咱们也搞个公众号吧，写点自己的想法，也好玩。起个什么名字呢？想了不少，都觉得不大合适。后来华章眼睛一亮，说，有了，就叫“奴隶社会”吧！就是戏谑说我们家是“奴隶社会”——华章是奴隶我是奴隶主，一个愿打一个愿挨，各自定位正确，是幸福生活的基础。就这样，我们的“第四个孩子”诞生了。不过本来想的是至少有 20 天能先摸摸门道，没想到老三提前十天降生，搞得我们很有些措手不及。小闺女出生那天，手忙脚乱的间隙，我在医院里给小闺女写了小诗一首。刚开张的“奴隶社会”也得发文啊，华章就在我床旁边把小诗拍了照片，当一篇文章发了。

孩子生了就得养。在养孩子方面，虽然我们是仨孩子的父母了，但每天都还有种小学生的感觉。搞“奴隶社会”，我们就更感觉像小学生了，而且是贪玩的那种。所以和大家说说我们养孩子和养“奴隶社会”的一点感受。

一、家庭最重要

回顾我们每个人的教育和成长，其实最重要的影响因素是家庭。有孩子以后看了不少教育方面的书，更觉得为人父母对孩子的影响之大。这一方面给自己不少压力，觉得责任重大，另外一方面也倒觉得安心——不管外部环境，尤其是学校怎样，作为父母总可以给孩子非常重要和长远的影响。

“奴隶社会”也有很强的“家庭”味道——因为主要是我和先生在做。我们一直坚持原创，因为觉得既然要做媒体，特别是我们非专业出身业余时间做的，唯一能让这个公众号有意义、有意思的，是真实的自己和周围真实的人的故事。所以“奴隶社会”有太多我俩的痕迹——我们自己写文章，我们的朋友、同事也写了很多；如果是读者的投稿，我们会写写序或者后记，啰唆几句自己的感受。这种“真人”味道，会一贯保持。

二、孩子教我们

孩子成长本身，是一个奇迹般的过程。孩子有如此丰富的想象力、创造力，以至于我内心深处时不时有点小害怕，觉得会不会有很多自己都意识不到的成年人固化的、限制性的思维方式，自以为在“教育”，实际上是限制孩子。所以说很多养育孩子的问题，其实是通过孩子对父母的自我教育。 我在工作里经常用到的一个概念，叫做“能够站在看台上看自己跳舞”。我们的生活就像在舞池里跳舞，有自己，有别人。我们要培养的一种能力，是同时能站在舞池之中和旁边看台上，看自己跳舞，看自己在走向哪里，看自己的言行对别人的影响。自己做母亲之后，这个“分身术”开始用得越来越自如。经常可以看到自己和孩子互动交流里，自己的言行对孩子的影响，孩子对自己的影响，以及我们在这种互动里的共同成长。

“奴隶社会”，也在教我们。“奴隶社会”做了一段时间，好像有了自己的生命一样，有很多读者订阅，也有很多读者给我们发消息、投稿。我出差到不同的城市，能和各地的读者见面，发现了很多有意思的人。我们的作者群体里，也有各种精彩的人物，从哈佛法学院毕业的律师兼作家（我们每周六连载的小说的作者），到在非洲做公益的年轻人，从谷歌离开创业的工程师兼摇滚音乐人，到在美国 TED 大会上演讲的中国科学家。还有著名投资人、创业颇为成功的妈妈、在时尚界和电影界创业的前管理咨询顾问。所以自私地说，我们做“奴隶社会”，最受益的是我们自己。

三、重新做夫妻

这个听着有点吓人，不过孩子的出生，的确深刻地改变着每一对夫妻关系。突然间我们不仅是爱人，而且是父母了。虽然我和华章一直是幸福夫妻，认识 14 年，结婚 13 年，但有了孩子们，我们的关系里多了很多层次——从所谓“低层次”的很多和孩子相关的“琐事杂事”——孩子的吃喝拉撒睡，到孩子相关的各种“活动”——看医生、上亲子班、挑幼儿园、选学校，以及关于孩子养育的各种讨论，经历了各种以前没有经历过的情绪，对自己的认知和对对方的认知都发生了改变，也接受了我们作为父母和作为爱人等多种家庭角色和关系之间的转换。所以有孩子以后，好像重新做夫妻。

和孩子一样，“奴隶社会”也在一定程度上改变了我们的夫妻关系，每天要写文章，或选文章，讨论文章，所以“不得不”在形而上的层次上有了很多交流，它也成了我们“重新做夫妻”的推手之一，这很有意思。

四、“圈子”很重要

这里所说的不是世俗意义上的“圈子”，是由于孩子的成长和养育而遇到的人。老大安迪于 2012 年 10 月份上幼儿园。这对儿子当然是“life-changing”——头一次从家里到“学校”。但现在回想，对我何尝不是。由于儿子，我认识了班上的 18 个孩子的家长，那时候微信刚开始盛行，所以我第一次密集的微信体验就发生于此时，加入的第一个微信群，就是班里的家长群。进群后发现自己好像进了大观园，因为那时候安迪是班上最小的孩子，其他妈妈们都比我有经验，也都各有风采。妈妈们有的时候深夜还在群里聊各种八卦，所以后来群名直接改成了“818”，保持至今。后来一些家长成立了一个父母工作营。我的大部分和孩子教育相关的学习和讨论，都来自这个家长群。

因为“奴隶社会”一开始都是我们和同事朋友们写的，所以通过文字，我们这个朋友圈子能一直有联系。而且我和天南海北的老友们有了一个常常聊天的理由。“奴隶社会”本身也成了个“圈子”——一个没有门的圈子。而且有意思的是，就好像孩子幼儿园吸引的家长都有些相似一样，“奴隶社会”的读者，不管身在何方，也都有些“神似”，所以我们的读者之间也有了很多有意思的联结。最近一个读者被一个文章的作者忽悠去他的创业公司了，所以看来“奴隶社会”也可以变成有实际功用的圈子。

五、一定要会玩儿

在养孩上面我最受教的一本书，应该就是《游戏力》（*Playful Parenting*），其翻译者李岩，也是孩子幼儿园的一位家长。基本理念就是别端着当“大人”——会和孩子“玩”，才是有水平的家长。回忆我自己的成长，小时候最喜欢的一个阿姨姓樊，就是每天和我们“没大没小”地“玩”的（她自己的儿子和我差不多大），我们是勤劳的小蜜蜂，她就是笨拙馋嘴的大狗熊。每次都被英勇智慧的小蜜蜂打得落荒而逃。樊阿姨说什么我都爱听，因为和她在一起有安全感和信任。后来《游戏力》的书出来，我看到很多案例都能笑出声来，心想这不就是樊阿姨嘛。

所以后来我总结，做父母有三个境界，第一个境界他是孩子你是大人，你居高临下。第二个境界他是孩子你也是孩子，就是游戏里的境界。还有第三个境界——他是大人你是孩子，自己装得“弱”一点，让他来帮你和“指导”你——你会发现孩子比你想象的要能干得多。

后来我们几个密友在一起琢磨写稿、约稿，我们把自己这个小群叫“元老院”。我们让各地的读者群自荐“长老”，然后把“长老”放在一个群里，叫“日不落群”（因为世界各地都有），这就成了“奴隶社会”的“权力机构”，好玩吧。不过这些名字都是华章起的，所以他比我会玩。

六、都是“小事情”

孩子的养育，其实都是小事情：孩子闹情绪了你怎么处理——怎么看着他，怎么好好地倾听。一句“正确”的话怎样说孩子才会听。孩子说不出来，如何给他们语言，让他们能够表达。如此种种，孩子的教育是在每一个眼神里，每一段对话，每一次倾听里。

“奴隶社会”也是，每篇好文章，从写稿、改稿、改错别字，到排版、配图、发送。华章做了几乎所有细碎的“小事情”（谁让他是奴隶呢），但就是这些小事情，定义了读者的体验。

所以归根到底，是很多小事情。这些小事情串起来，就是对“孩子”的养育，是一个小媒体的成长，就是我们的生活，没有更多。

李一诺

序二｜麦肯锡女孩

在我离开麦肯锡之后，才开始有麦肯锡女孩这个概念。我常常怀念这个群体，总觉得她们有些特殊的地方，但是又不是特别说得出。

从数据上看，这肯定不是一群普通女孩：奥数金牌，高考状元，GPA>3.9，国内四大名校出身，哈佛、斯坦福的博士或 MBA 的标配；她们看着鲜衣怒马——二十出头出入董事会，侃侃而谈头头是道，可以靠自己打拼挣得全身名牌，工作旅行过十几二十个国家是常态；她们辛苦——一星期工作 80 个小时，和同事度过的通宵比和男朋友还多，睡酒店的床比家里更习惯……

但同时，她们也是一群最普通的女孩。她们一样也在职场纠结，哭泣怀疑；她们一样也为爱沦陷，遭遇渣男；她们也嫁作人妇，磨合妥协；也生儿育女，奶粉尿布。她们一样在探索和追求幸福，有的已到达暂时的彼岸，有的还在路上……

但她们还是有小小的不同，即使在离开很久之后：

她们更努力——为自己想要的东西能够吃惊人的苦，不折不挠；

她们更勇敢——不光是敢于追求更高更好，更是敢于折腾，敢于不同，敢于放弃；

她们更纯真——不管年纪如何，不管已经是几个孩子的妈妈，不管周围对财富房产多么狂热，她们仍然渴求对世界的认知——有用或者没有用，渴求梦想——靠谱或不靠谱……

如果说这些定义了麦肯锡女孩，那么环顾周围，我还看到了那么多不来自麦肯锡的麦肯锡女孩。她们是在地铁上背单词的职场新人，是不做爹妈安排公务员的创业店主，是选择不买房去看世界的背包客，是坦然承认自己无法兼顾从高位退下的全职妈妈，是热情的钢琴、绘画、各种运动的高龄学习者。

这本书，实实在在地记录她们的故事和心情：职场的情场的，成长的育儿的，心怀世界的柴米油盐的，高大上的屌丝样的，女神状的和另类的，她们自己的和身边朋友的……

仅以这本书，送给与我们共同度过了青春岁月的麦肯锡女孩！和那么多不来自麦肯锡的麦肯锡女孩！

闪闪

SHE：VENI，VIDI，VICI

目·录

Part4 凡人妈妈 181

Part5 任逍遥 227

附录《女神经过》推荐 278

Part1

女神经过

如何成为你心目中的“神”

文|一诺

曾经的一篇文章《十二年爱情故事》里提到过 2013 年底我在清华的一次演讲，里面提到当时我和华章在讨论演讲内容的时候，兴奋得不行。为啥呢？就是因为当时定了这个比较自恋的题目——“如何成为‘神’”。其实那个演讲是受清华职业发展协会的邀请，以麦肯锡的名头做的。当时假公济私了一把，在麦肯锡和咨询相关的题目之外，也了讲这个我觉得对年轻人也许更普适的题目。

首先科普一下什么是“神”——这来自于校园里的一种说法，把人分三种，普通人、学霸和神（当然后来发现还有一类叫学渣，研究了一下应该是“普通人”细分的结果……）如何区分这三种人呢？可以这样：你问普通人：“干啥呢？”他说：“玩呢。”“玩啥呢？”“逛街、唱歌、打游戏。”你问学霸：“干啥呢？”他说：“在学习。”“学啥呢？”“微积分。”你问神：“干啥呢？”他说“玩呢。”“玩啥呢？”“微积分。”

明白了吧？

大家肯定嘀咕了：这作者太自恋了吧，你怎么就是神了？悄悄告诉诸位，我还真不是，当时在我们那个“大牲”聚集的班里，俺连学霸都算不上（对，“大牲”是俺那个年代对学霸和神的统称，看来社会的趋势就是不断细分啊）。但无奈毕竟出来混了这么多年，加上飞来飞去，在小师弟师妹的眼里好像沾了点儿仙气，有了点误人子弟的资本。而且我仔细琢磨了一下，这“神”的本质是“快乐着做别人觉得牛但苦逼的事”，而且核心是“快乐”。所以从这一点上来讲，俺算是勉强够格，所以就夹着包出来啦。

其实我相信很多“神”，并不是看了“成神指南”才变神的。我自己也是一个更愿意凭感觉和直觉做事的人，但好在华章同学有很多理工男的优点，包括善于总结经验并将其提升到理论层面。所以那天兴奋的原因就是我俩的感性和理性一碰，发现成神其实是有规律可循的，所以希望公布了这个“科研成果”以后，能有更多的神出现，有更多快乐的人做更多牛的事。

如何变神，我们的研究结果摘要如下：

第零条是有一定的智商，这个说得比较冷血，不过这的确是个必要条件。

这必要条件之后有三条成神的必备条件：

第一，要有梦。这是个大词儿，后面会展开讲。第二，要有一套思维模式。包括你怎么看自己，怎么看别人，和怎么看周围的事物。第三，要有一套方法学，其中比较核心的和普适的是三个方面的方法学，就是如何分析和解决问题、如何沟通以及如何有效地管理你的精力（注意，不仅是如何管理时间）。

其实除此之外还有个重要的第四条，就是机会和运气。不过这条一般控制不了，所以也就不多说了。不过人只要能掌握自己能改变的东西就够了，也不必太过纠结于此。

闪闪在一篇名为《创业者家属》的文章里说过：“梦”是个经常滥用、反复曲解、商业化到无以复加但却仍奇妙美好让人无限向往的词，成就了很多精彩，但也带来了无数的苦痛。

下一篇文章，我们就讲讲“为什么要有梦”。

为什么要有梦

文 | 一诺

梦想是个大题目（用我 4 岁儿子的话说，是“超级大”），是陪伴我们每个人一生的东西。我还没有功力写放之四海而皆准的鸡汤，所以这篇文章是基于我自己有限的经历和这些年遇到的一些年轻人的问题，讲给校园里的弟弟妹妹们的。同时这也是我作为一个 70 后写给 90 后的，虽然难免会有古董的嫌疑，不过我固执地认为，梦想之于人是个永恒的主题，哪怕在一个无梦的时代。

那天在清华演讲的时候，我问了大家一个问题，就是：“人为什么要有梦？”大家的回答五花八门，比方说有梦做事情才有激情，有梦才有未来，等等，都对。不过我说，其实首先，有梦是人和动物的基本区别。为什么呢？我记得丹尼尔·吉尔伯特（Dan Gilbert）的《撞上快乐》那本书曾提到人和动物的本质区别，就是人有对未来的、不是基于本能的预期。所以人会为了这种预期去计划自己的生活。梦，说宽泛些，就是一种长远的预期。如果没有了，如果每天都是围绕吃喝拉撒睡这些本能的需求在转，说难听点儿，你就和动物差不多了。

把梦想解读成对未来的比较长远的预期，你就会发现，我们熟悉的很多的说法，都是在说梦这个东西。王小波说有“眼前的世界”和“诗意的世界”，高晓松说的“生活不是眼前的苟且，生活有诗和远方”，这“远方”就是梦想。讲到这儿你也许已经发现了，其实梦并不只是一个简单的“预期”，还有一个重要的特征，就是有点“不靠谱”（诗嘛，哪能靠谱）。如果是沿着一条清晰的直线走下去就能达到的，那不能叫梦，顶多叫一个目标。梦是不确定的，没那么容易达到的，有的时候想想就让人害怕的。麦府一个我尊敬的大领导总说一句话——“If your dreams don't scare you，they are not big enough.”如果你做的梦不让你害怕，那这个梦想就不够大。

但就是因为这些不靠谱，所以有梦能让人快乐，让人兴奋，像在心里种了一个不安分的种子，痒痒的，让人晚上睡不着觉，早晨起得了床，每天像打了鸡血，小宇宙“BiuBiu”地燃烧，而不是过不冷不热、行尸走肉的生活。听说现在很多大学生在职业发展的时候先考虑的是公务员，或中学老师，就是因为有户口、有编制。我不觉得公务员或者老师的职业有什么不好，但如果仅仅是为了编制和户口，那真的是很没劲。如果高等学府里的年轻人都这么现实了，那中国就没劲了。

除了带给你真正的快乐，梦想会让你对人生有长远的打算。现在是互联网时代，一切好像都快了很多倍，很多东西都在迅速地“迭代”，上个月火的东西这个月就过时了，上个月爱得死去活来这个月就换对象了。太多信息，太过新鲜，让人激动的同时也让人迷茫和晕眩。在这个时代如何为未来做长远打算，要靠梦想。

不管外界怎么变，你手上最值钱的筹码是什么？是你的精力和时间。有梦想，你才能用好你的这笔财富。如果你的梦想是在某个行业里做一番事业，那眼下一个工资不高但行业靠谱的创业公司可能相较一个体面稳定但行业不对头的大国企是更好的去处。如果你的梦想是对一个领域有更全球的视角，那出国读两年书也许比在一个薪水很高的公司工作是更好的选择。说到底，如果你有梦想，那你衡量一件事的标准会不同——不仅仅是工资、公司、名份这些“眼下”和“实际”的东西，而是能获得的经验、经历，这些能让你离梦想更近的东西。当然这些不一定和“实际”的东西冲突，如果既有眼前的实际又能实现梦想，当然最好。只不过现实中这种“完美”的机会不多，经常要做取舍。有了梦想，你的取舍就有了依据。

有梦还有一个好处，就是有梦的人会活得“大”一点，没那么小家子气。不怕大家笑话，我很小时候的梦想就是“为社会做贡献”和“改变世界”。这首先是家庭的影响——我的姥姥、姥爷，除了对我生活的关爱，还给我讲很多他们年轻时的梦想和一辈子坚持的理想。我姥爷一直到2009年去世，都在坚持读报，坚持思考，和我讨论的都是吃喝拉撒以外的世界。有了这个世界，人就不会纠结很多小事，因为那些事真的没那么重要。后来上了大学，得益于当年清华园里的几个朋友，在青春的躁动里不停地追问生命的价值和意义，在“为祖国健康工作五十年”口号里定位自己，在看完《切·格瓦拉》的深夜里热血沸腾地讨论中国要往哪里去。那些追问和沸腾，让自己活得更“大气”，而不是在最终无关痛痒的小得失里面纠结。

现在这么多年过去，虽然做什么的路径一步步在走，有艰辛，更有机缘和际遇，但梦想的方向一直没有变，而且在真实的生活里有了载体——让自己可及的世界——家庭、朋友、公司、客户……能因为自己的存在而变得更好。“奴隶社会”也算是这个可及世界的延伸吧。

最后，梦想也是人和人之间联结的最高状态。在你的成长过程中，如果有一个鼓励你做梦、理解你的梦的长辈，那你是一个真正幸运的孩子。如果你有一个理解和支持你梦想的伴侣，那你是遇到了真正的爱。和你一起做梦的朋友，哪怕多年不联系，没有微博没有微信，仍然是你最亲密的朋友。你自己有了孩子，你能给他们的最珍贵的财富，也许就是追求梦想的勇气和能力。

所以，请大家做梦，而且永远不要放弃。

女神，为职场而生

文|余进

前两天公司管理层集会，一群男女高管凑在一起大谈特谈如何在这个男性为主的世界里多多培养女性领导。这种话题似乎感觉有点老生常谈，每次说到的痛处，无非是些年轻女性如何在职场上赢得男人能赢得的重视，准备或已经为人母的女性如何身兼数职兼顾事业与家庭等等，总之给人感觉好像女性在职场上是一特别弱势群体，需要大家高度关注，绞尽脑汁想救助方案。

我也曾为此深深纠结过：记得我当年还是麦府的项目经理，觉得自己老大不小再不要娃就来不及了，但据说干这行的家庭事业难两全，于是徘徊在去留的十字路口。因为的确在职业路上走得远的女人很少，而且似乎是如果走得远，那一定家庭惨淡抑或是牛鬼蛇神，面目狰狞。

虽然前途凶险恐怖，我还是非常贪心，鱼和熊掌都不想舍弃，愣是各路招式一起使，既生了一儿一女，也还真混到了合伙人，自认为虽早已过不惑之年面目尚未狰狞，居然偶尔还会有时尚杂志邀我为年轻的小白领丽人们励励志。更有趣的是，我左右环顾了一下，发现我的女友中外表光鲜、内心有趣、职场得意、情场美满、儿女绕膝的女神们好像越来越多。咱们“奴隶社会”中的诺主、给三岁半的女儿写恋爱宝典的闪闪、情人节夫妻公开对着秀恩爱的爱玛都是典型代表，个个都是不论男人女人都会人见人爱的尤物，事业有成但更是魅力女神。既然如此，何不总结总结这些女神们究竟有啥特殊的三头六臂可以异军突起，也让咱更广大的女童鞋们从自己身上挖掘优势发扬光大。

女神之所以为女神正因为她们有不输于男人的学识、能力、精力、动力同时还有女人独有的特质。

说起女性特质，有个行为学实验非常有趣。这个实验对一批只有几岁的男童和女童分别跟踪观察。从观察录像中你会发现小男孩们之间的典型谈话是这样的：如果 A 说："我爸爸好高，有三个我高。"B 多半会说："我爸爸出门总是撞到门楣。"，A 再说："我爸爸昨天进屋把房顶撞了个洞！"B 再说："我爸爸其实站直了有两层楼那么高！"顺着这趋势下去，他们的爸爸们很快就能一抬脚便踏上月球。男性的大 ego（自我）好强好竞争的特质在小童身上体现得淋漓尽致。而录像中小女孩们之间的对话则多半是这样的：如果 A 说："我特别喜欢芭比娃娃。"B 会说："我也是！"然后 A 说："我有一个可以给她梳各种发型的芭比娃娃。"B 会说："我也有一个类似的，还有好几件衣服可以换呢！"然后她们多半会把各自的芭比娃娃拿来一起玩儿。从小女孩身上就开始体现的女性特质包括喜欢求同、分享、社交。这个看似简单的差别为女性带来了很多优势，让我们在职场出类拔萃。

优势之一：女性愿意倾听，更容易获得信任。

这年头无论你从事什么职业多半都要跟人打交道，伺候好对方。这个对方可能是外部客户，也可能是内部的客户如老板，同事或者相关部门。伺候好对方的首要条件自然是要明白对方到底要什么。雄性气味比较浓的职业（也就是我所说的男性世界）多半充斥着高学历、名校出身、从小凡事必出类拔萃的优秀男性。这类人亚历山大，遇事多半本能地要表现、急于出主意拿行动，要证明自己的优秀。女性则不同：求同的天性让我们更愿意静下心去听（对方说的和没说的），同理心使我们能够体会对方的困难，然后才有可能提供帮助。

记得第一次跟某很牛的企业家见面。双方互换名片后听他侃侃而谈介绍宏伟梦想。他是很有前瞻性思维的战略家，但并不是最善表达的人。谈了一大通后，我试着总结了一下他说的话，以确保我听明白了他的意思。突然他看了看我，示意我等一下，站起身取了一张名片递给我说："把刚才那张名片换掉吧，这张有我直线电话和手机。"然后常规性地我和我的团队就他关心的行业发展前景交流了广泛意见。这次见面后他的手下就给我发来了一份项目需求，通知我们去竞标一个大项目。鉴于当时的一些情况，我委婉地回复我们此次不参加竞标了。没过几个小时，他的手下打电话告诉我董事长决定取消竞标，而决定跟我们合作。顺利合作很长一段时间后，有一天闲谈中这位企业家终于告诉我："知道为什么我下决心非要选你们吗？因为我终于找到了一个能真正听懂我的人。"啊？！我原以为是我和团队的行业知识与商业洞见打动了他，却原来只因为我听力好。

优势之二：女人更容易表达不同意见而不产生威胁感。

前面说过雄性荷尔蒙让男性们更容易竞争好胜，所以一个优秀的男性更可能潜意识里被同样好胜的男性视为威胁。如果这名男性又是那种急于表现和证明自己就更可能发生这种情况。意见相左时，男性需要很高的情商才能掌控局面，我就经历或听说过不止一个男同事被客户背后告知"以后他不用再来了"。但是，女性不然。我们会用委婉中听的说法表达反对意见，会运用多种女性化的手段去化解意见相左的紧张气氛。

职场十几年，我见识了很多强势自负而缺少耐心的企业领导人。有一次某董事长读了我们的分析和建议报告后铁青着脸走进会议室，直截了当地告诉我他很失望，他根本没有兴趣花两个小时开研讨会。很显然，他完全不同意我们的结论。这时我身边的女神同事充满诚意地先钦佩对方："某董，我觉得你说的特别有道理，特别是……这些方面（总结对方所讲的话），可是有些地方我没有完全听懂可以请教一下吗？"然后歪着头带着半点天真地询问对方为什么会这样想会得出这样的结论，基于什么样的假设，这些假设何时有可能会遇到挑战等等。对方在毛被捋得顺顺的情况下好脾气地被她引导着得出与自己开始时不一样的结论，却一点不失面子甚至以为是他自己得出的新的结论。女性的"听"力和装傻的勇气与条件，如果再辅以温柔关切的眼神，甚至乌黑飘逸的长发（以供说完最具争议的话后轻拂一下缓解气氛），杀伤力可想而知。

优势之三：比男人更输得起，进可攻退可守。

世界上很多事本来就是不公平的。女人常常抱怨家庭公司身兼数职，可是有没有想到社会的普遍意识给了男人主外的压力，很少能接受男人不主外而主内。所以不管怎样，男人的事业只能一条道走到黑，为了养家糊口，只能成功不能失败，想喘口气都难。男性好竞争的天性和不成功便成仁的压力成就了一大批 insecure super achievers（优秀却没有安全感的人），让很多人过分在乎结果，欲速则不达。

而女人则不同。我们可以随时停止在职业道路上前行，多半得到的是以家庭为重的美名，实现华丽转身。这些女职场杀手转身后也绝不会浪费其充沛的精力，迅速练成相夫教子的高手，同时内外兼修，外表返老还童光彩亮丽，美食、养生、瑜伽、中医各种招数齐学把自己和家人照顾得妥妥贴贴，同时其精明的头脑替家里理财投资算下来也不见得比转身前少进项，碰到当年职场上共同奋战的姐妹多半赚来的还是艳羡的目光。

如此进可攻、退可守，我们就更可以不必太追求安全，太患得患失，更可以大胆地在职场上追求让你真正有热情的事情做，专注于好好做事并坚信结果自然会来，专注于因为"我要做"而热情做的人，比为满足他人的期望“我必须得做”而做的人，成功的可能性孰高孰低，我不说你也能猜到。

优势之四：女人在耐力、抗压力和自我完善方面常常甩了男人十条街。

其实生活多半是起起伏伏的，再优秀的人也难免会遇挫折。好像有无数科学研究证明了女性的耐力和韧性，经历挫折时更容易体现坚韧不拔的特质。其实女人还有一个优势，就是我们是更可以放声痛哭的，我们都是有闺蜜的。遇到困难，我们更有机会把闺蜜当垃圾桶，把所有的抱怨一股脑倒出来，抱着她痛哭几场。这是多么好的减压阀呀，无形中增加了我们的抗压能力。在我帮助客户与公司内部员工提升领导力的众多经历中发现女性好像对自我完善的话题更容易感兴趣也更容易有领悟。是谁从进化论的角度说过女人是比男人进化得更高的动物？至少我遇到的很多女神在大多数男性还在物欲、性欲与名利的层面上挣扎时已经进入了灵的修行，她们的竞争力已远不在智商这个层面上了。

写这么多，是否有点太过自恋？女性当然不是十全十美。人无完人，我们每个人都是半杯需要更充满的水。与其盯着空着的那半只杯子唉声叹气，不如看到满的那半只，从而更有信心去把空的半只杯子尽量充满。本人绝无歧视男性的意思，其实大多数令我钦佩奉为导师的都是男性。男女不同，八仙过海，各显神通。这里不过是谈谈女性的神通罢了。

我和颜宁这些年

文｜一诺

现在写这个题目很有些趋炎附势的嫌疑，如果你还不知道颜宁是谁，那说明你是一个被主流和非主流媒体都放弃的孩子，我也救不了你。

颜宁，现在是清华大学医学院教授，2007 年回国以后，实验室发牛文无数，也获诸多荣誉（包括 2014 年《细胞》杂志的全球 40 个 40 岁以下的牛人）。2014 年 5 月在《自然》（*Nature*）发表了一篇重量级牛文，剖析了人体葡萄糖转运蛋白的结构，是世界范围内几十年未解的难题，从而引起了主流媒体的广泛关注。

为什么要写呢？除了趋炎附势、沽名钓誉外，有几个原因——一个是相识多年，一直不觉得有啥必要“总结”自己的亲密友情。但是那天看到无数人转的新闻，就给颜同学打了个电话，我们俩又没着没调地瞎聊一通，互相的话没说完就知道对方在说什么，笑得前仰后合，觉得这么多年能保持这样一份又“纯”又“蠢”的友情，真的是一件极其难得的事情。

另外一个原因，是有点气不过。媒体和舆论这个东西是很玄妙的，一方面大家在找正面的东西，一方面有了正面的东西以后，大家又总是试图在找一些野路子的“真相”——总觉得，人不可能这么美好吧，事情不可能这么简单吧。而且舆论的另一个可怕之处，就是传播得越广，人物越容易被标签化和空壳化——由于不认识，所以可以无情，可以无忌，特别是对公众人物。虽然颜宁没有自己计划，但毕竟成了公众人物，所以一些乱七八糟的评论俺看了有气。

还有一个重要的原因，就是到处转的正面文章都写得干了吧唧，好像做科学就得绷着、端着、冷冰冰地严肃着。其实科学家也是人，而且越是优秀的科学家，越是有意思的人，所以准备借俺们“奴隶社会”这自家非主流媒体，写写我和颜宁的这些年……

不过先声明，我和颜宁一定程度上都属于不靠谱的，而且互相都认为对方更不靠谱一些！所以不排除以后互相拆台的局面，所以事实最终都靠我们俩互相 PK 记忆力来验证。颜同学似乎高我一筹，因为彼同学大学坚持记日记。但她日记本能不能找得到也是个问题——总之不靠谱无止境，大家千万不要抱着科研的态度看就对了……

我们是 1996 年入学的生物科学与技术系，按清华的编号，“生六班”。在清华这个男女比例 7∶1 的学校里，我们班 33 个人，15 个女生，是极不正常的正常比例，不过可惜我们班的男生大部分都不解风情……不过这伤心事咱先按下不表。

女生都住 6 号楼。记得当时入校，一走进那宿舍楼就心凉了半截——黑咕隆咚的大长走廊，吊满了洗了晾着的内裤胸罩，有的还在滴滴答答地滴水。楼长大妈上来给每人两包白纸包的粉儿，一个是蟑螂药，放在床板上，一个是耗子药，放“衣柜”里——所谓的衣柜也就是一个大深抽屉。就这样，我们憧憬已久的清华生活开始了。

我们班的 15 个女生，四层上 12 个，住了三间，449、451、452，剩下三个在一层 117。现在打出这些数字，都感觉亲切。我们四层的三间是在楼尽头，挨着水房和厕所，现在仿佛都还能听到厕所里的水箱一天不断地哗哗啦啦和水房里洗漱洗头的女生说说笑笑的声音。一层虽然是化学系和生物系的主场，但当时我们在楼上的感觉，是 117 的女生多少有那么点派驻外番的意思，不像我们有个把角的完全属于自己班的小世界。我住在452，最头一间。每层52个房间，一间4个人，想想我们这破旧黑暗的宿舍楼住了小1000个女生，还是很壮观的。当时本科女生楼还包括我们前面的7号楼和后面的5号楼。这三座楼，就是所有清华本科女生的所在了。

大一那年校庆，很多白发苍苍的老校友在6号楼前合影留念，说当年就是住这儿，我那叫一阵心寒——哇，五十年不变的宿舍楼啊！不过当时也YY要是自己那么老了，还能到大学的宿舍楼前合影，也是件很幸福的事。结果现在这YY的念想也断了——现在6号楼好像荒废了，至少是进不去了。

当年的6号楼，可是有世界中心一般的地位，三座女生楼的中间一座，楼前就是七食堂风味餐厅，当时应该是清华最好的食堂，远一点是清东餐厅，8号楼的小卖部，再远一点是地下舞厅……各种食色场所就对了。6号楼和7号楼之间，西边是七食堂，中间一片空地，终日人声鼎沸，东边是一个花园，这花园一到晚上就有成双成对的人头攒动，所有和本科女生谈恋爱的清华男生应该都在这里报过到。像我和颜宁这种没有固定男友的很少在那里出没。但有一个夜晚我们俩也在这里逛了半夜，那是我的生日，应该是大三那年吧，颜宁送给我的礼物是按照一张寻宝地图找到一个录音带，录了很多她讲的话。现在都记不住了，但那晚上嗖嗖寒风里的温暖记得很清楚。后来每次回到清华，看到那片花园，就想到那个夜晚。

我和颜宁真正的“相遇”，是在大一暑假，在六号楼我的宿舍。那时候我自己在成为学霸的道路上遇到重挫：第一年微积分考了个70来分，高中没有见过的烂分数，所以决定暑假晚回家一段时间，苦逼地一个人补习。

颜宁这个住番外的同班女生竟然也没有回家，而且她的家就在北京！虽然稍微觉得有些蹊跷，不过在清静的校园里有个伴儿一起打饭打水总是好的。所以互相发现的那一天我俩就一起去买饭，然后到 452 我宿舍里一起吃——顺便带这位番外女生参观一下本部女生的宿舍。吃饭一聊，弄半天颜宁也曾经被微积分所扰，第一学期考试差点垫底，突然感觉同病相怜，一下近了很多。这么说真的要感谢我们的高数老师——比我们大不了几岁的数学神童，促成了我们这段“感情”。不过拉得更近的，是她的心事，具体是啥且不说。

我和她当时也不熟，也不知道她怎么这么好眼光，知道我是一个可以倾听可以信任的人。我当时就觉得因为有了对方的一个秘密，而突然从陌生人变成了亲近的朋友。现在回想当年，能记住的就是夏天静静的校园，窗外树上的知了声和我们俩在宿舍里的这顿午饭。

成了朋友之后，发现我们俩其实是特别不一样的人。我是根正苗红，一本正经，有理想有抱负。她是从小学就开始看武侠小说，着迷于各种明星八卦，被正经的我所不齿。我那时候忧国忧民，思考人生意义和价值；她每天沉迷于自己的小世界，立志以后要当一名娱记的伟大理想。总之就是我无趣地奔前程，她有趣地无前途就对了。

不过在她的各种不良影响下，我也开始恶补金庸，好像发现了宝藏。而且我被她拉得品位降低，在思考人生价值之余，全力投入到看美女的事业中去——我们俩那时候中午爱去九食堂吃饭，唯一的原因是因为有一个 5 字班（1995 级）女生，似乎是水利系的气质超好、酷似奥黛丽·赫本的美女总去九食堂吃饭。我们俩为了看美女也坚持有可能就去吃，直到美女毕业。后来读到女人比男人更好色的理论，深以为然，终于给自己当年的行为找到了理论基础。

在追随美女的几年里，见证了美女和各种不靠谱长相又对不起观众的男生谈恋爱。每次都为她扼腕，感叹清华男生普遍水平之差，导致这个 A 女配 D 男的恶果。不过一直到毕业，我们也不知道这位美女姐姐姓甚名谁，她大概也一直不知道有这么俩女生为了看她跑去九食堂吃饭。不过现在想想，当年的简单快乐记忆犹新。

当然我们应该还做过很多更有品位的事，但具体是啥都忘了，就是觉得在偌大的校园里干什么都有了个伴儿，是件很温暖的事情。

大二我们俩看 4 字班、5 字班的师兄师姐都在上专业课的时候备托（托福）备 G（GRE），觉得如果专业课不学，生物岂不是白念了？所以决定早考托考 G，以便把大三的宝贵时间用来全身心地学习专业课。大二的时候让我老爸帮我们俩报名考托福。老爸辛辛苦苦排队报名，但拼音不过关，填颜宁的名字的时候把 Ning 拼成了 Nieng，而且没法改了。后来我们的宁同学就不得不一路用 Nieng 这个名字申请学校。

不过当时我就很有远见地说，以后你要出名了，这名字肯定好，因为叫 Ning Yan 的肯定一大堆，但 Nieng Yan 只有你一个！后来果真，Nieng Yan 这个有特色的名字现在成了响当当的国际论文霸了。要是哪天 Nieng 同学得了诺贝尔奖，一定得感谢一下我老爸！

我们俩大二考了托，大三考了 G，觉得大三大四可以对得起自己的专业了——至于有没有，那就另当别论了。

因为我根正苗红，是班里的团支书。她不正经不着调，大二我俩考完了托、考完了 G 之后，颜宁为了摆脱心事就跑去竞选系学生会主席。我们那个系是小系一个（一个年级就一个班），但她竞选成功，突然也成了学生干部。我们俩就这样双双成了“干部”。不过这个干部她是不那么当回事的。

当时有一个高我一级的靠谱青年（也是学生干部）对我表示了好感，在一个冬天，和我弄个自行车走到校园里某角落，好像有逼我表态的意思。我紧张且振振有词地对他说，“你看……我们都是学生干部，这样不合适吧……”后来和颜宁交流了我的发言，她笑得打跌，认为这是我说过最经典的话，可以笑我一辈子。

后来到大四，我们俩都到诺和诺德在上地的研发中心去做毕业论文。那时候中心的领导是陈克勤（Kevin），温文尔雅的科学家，是早年的 CUSBEA（中美生物化学联合招生项目）毕业生。那段经历，是我真正接触科研的开始。颜宁还是每天嘴里跑火车，说话不着调，做实验毁掉了整个细胞间。以至于后来 Kevin 知道我们俩的“下场”，非常惊讶，说以为会是反过来的——我会成为靠谱科学家，而颜宁会成为一个每天胡说八道的商界人士。谁知道造化弄人啊。

大学毕业出国以后，我们一个东岸一个西岸。我读博士的第一年遇到华章，觉得他是靠谱青年一枚，他也很识时务地在 2001 年初计划了一个东岸之行，去过普林斯顿的颜同学这一关。颜同学和华章果然一见面臭味相投，同意和华章分享俺了。那时候颜宁住在校园里的学生宿舍，有一个公用的厨房，好像在那个厨房里我们定了临时“出逃”到东部附近的各著名旅游城市转一圈的计划。我们也在当时去了纽约，还照了一张有世贸中心背景的照片。

当时去世贸大楼顶层是所有纽约游人的必选项目。在上通到顶楼的电梯之前，有那种很傻的假背景照片。让你照一张，回来如果喜欢再花钱买。照完傻照片上电梯之前有一个年轻的黑人女孩查票，活泼可爱，看到我们是中国人，对华章表情夸张地说：“哇，帅哥！”当然见过华章的人都知道这是瞎扯，不过这比一般老外只会说“你好、谢谢”之类的水平高多了。谁会想到，几个月之后，会有“9·11”的惨剧。发生的当时，我和华章看电视，第一个想到的人就是这个可爱的黑人姑娘。不知道她那天是不是在电梯口上班，是否罹难。让人不得不感叹人生无常和个人在巨大灾难面前的渺小。

来年年初，我和华章结婚，美国的婚礼很简单，在洛杉矶的某法庭上搞的 civil ceremony（结婚注册仪式），一身便装。颜宁和另外一个现在在清华当教授的同学是我们的证婚人。那时候正是寒假，我们这些穷学生挤在我们那个一室一厅的小家里，每天出去穷玩，各种开心。还去了我们经常去的一个餐馆，吃饭之余留下了颜宁的各种不着调的表情照。

假期结束后送颜宁走，在LAX（洛杉矶国际机场），看她背着个书包进去，我眼泪忍不住就下来了。我其实很少送人走的时候会掉眼泪，一路走来，大多是我远行，别人送我。但那次看到颜宁的背影，不知为什么忍不住。其实大四做毕业设计的时候，我们是闹过一阵矛盾的，当时我们的某大师兄说过，等过几十年，你就会知道你们俩的感情有多难得，要珍惜。那次送颜宁的时候，突然感觉到这种难得，而忍不住落泪。

在美国上学那些年，唯一不变的是我们俩的生日。俺俩生日差10天，每一年都忘不了给对方寄一个花钱不多但用心的礼物。读博的第三年，我们去黄石公园穷游，颜宁从新泽西飞过来，和我们几个UCLA（加利福尼亚大学洛杉矶分校）的密友踏上了黄石之旅。一路去了沿途的很多国家公园，照了很多年少轻狂的傻照片。现在回想，那是博士期间最值得怀念的旅行之一。

后来我博士毕业在麦肯锡工作，一次去新泽西招聘，应该是2006年，完事后黑灯瞎火开车去普林斯顿看颜宁。晚上我俩在酒店房间里一通瞎扯，白天一起去她的实验室、她喜欢的小餐馆，还去小药妆店买她喜欢的Aveeno唇膏，我还在她的宿舍里，学会了呼啦圈。现在能记住的都是这些小事情。后来我走，是她送我，在新泽西的火车站，深秋的站台上空无一人，又是一次离别，又有聚少离多的伤感。

再后来我们俩好像计划好了一样，2007年开始往国内跑。我们俩应该是我们班出国的同学里最早回国的。都在北京，不过她初建实验室，我在到处飞做项目。我们俩还是保持了不着调的本性，有一次我工作结束后正好在清华附近，一个电话给她，约到校园里见面。我一身所谓职业女性的装扮，她骑个自行车从实验室过来，穿一运动裤，加上新剪的刘胡兰头，俺俩在紫荆公寓附近的某小餐厅里点了饮料，闲片子扯一通，走人。

要说这么多年俺俩友情咋维系的，其实就是因为我们都是不着调的性情中人，啥职位、角色，都是我们互相调侃的对象，心里都是傻孩子，我被她带得更有趣些，她被我带得更有追求些。我们都是努力工作的人，为了对得起自己和自己相信的事儿，也是为了对得起支持和相信自己的人。但别的很多外在的东西都不那么看中、在乎。由于不在乎，就会有很多简单的快乐，为了丁点儿大的傻事儿能笑得花枝乱颤。这次颜宁发了牛文，电话里喷自己的科研计划，说这是一直在追求的“正房”，现在搞到手了，下一步就是回去追自己的初恋了。还说把这比喻讲给本系的某著名“色魔教授”的时候，“教授”两眼一亮，说颜宁你终于说了句人话！

2013 年她生日，我怀着老三，出差回京落地的时候快晚上 11 点了。给颜宁打了个电话问生日快乐，她说在歌厅，问我去不去。于是我直奔五道口，在小包间里和一帮我们大学时代就混在一起的朋友（现在都已经成为教授）唱些俺们大学时代就唱的老歌。觉得有这么一帮朋友，真心不易。当然高潮在后面，颜宁把实验室里的 90 后小朋友叫过来，看着几个弱不禁风的小男孩和乖乖的小女生，把各种我们没有听过的撕心裂肺的歌唱得七荤八素——瞧这导师当的，多酷！

不过俺毕竟怀着娃，要先走，颜宁送我出来，在 K 歌走廊的一个角落，有很多小镜子。我们就在那儿，搂着肩膀嘻嘻哈哈地自拍了一张合影。这不是第一张，也不会是最后一张，真实生活虽然各不相同，但坚信俺们会在不靠谱真性情的这条路上越走越远……

颜宁：我和一诺

文|颜宁

因为我是清华生命学院01的班主任，今天下午参加了学院的毕业典礼。毕业季，看着一张张年轻笑脸，又想起了大学的片段，终于改变主意，把一篇本来该由一诺发到微信上的文字贴在这里。一诺率先起意写写我们俩，生怕记忆真的会随着时间而消逝。她的文字昨天发在了微信上。两个好友，隔着大洋通过电子传媒这样叙旧，在将来，这又变成我们有关友谊记忆的一部分。

两周前，一诺从美国打来电话，我们俩疯疯癫癫地又说又笑一个多钟头。其实俩人已经有三两个月没联系，她刚生了宝贝老三，我一直忙着讲课、改论文。自从大学毕业，我俩到了美国各奔东西，动不动好几个月杳无音信。可是任何时候，只要俩人一搭上，不联系的时间似乎从来就没存在过。这就是我们俩，现在流行叫“闺蜜”，那时只知道一个词叫“死党”。

而每当我提到一诺，脑子里自动闪出的是两个画面，第一个是在一个夏夜，清华大学六号楼楼长室外面。熄灯之后，只有这里灯光明亮。一诺为了安慰我，开始唱“你总是心太软、心太软……”说来好笑，这是我第一次听到这首歌，几周后它便成为当年最著名的口水歌。从那一刻起，我知道我在清华的日子不再孤单，因为这个女孩直接唱出了我心底所有的情绪，我也是从那一刻把她引为至交。

第二个画面是我们到资料室做什么事情，记得当时长长的队伍，除了我俩，基本都是男生。记忆中好像是复印机坏了，影响了某个进程。就见李一诺把袖子一挽，冲过去开始摆弄坏掉的机器。那一幕让我印象深刻，因为从那一刻起奠定了之后三年我对清华男生腹黑的基调。传说中强大的清华理工男们怎么可以如此袖手旁观，让一个女孩儿去挑头做维修类的工作？

这两个画面背后是一个有担当、有主见、爱折腾、争强好胜又心思细腻的李一诺（虽然她自诩为一诺千金，我可有她不守诺言的黑历史。嘿嘿，就不告诉你）。

说来有趣，我的整个大学生活，除了自己第一次期中考试高数得了 67 分但期末又成功逆袭到学期成绩为 87 分、大四暑假在东灵山头第一次看到银河这么几件小事外，其他的所有记忆里竟然都有一诺。我一直告诉别人，当年在清华我是一诺的小跟班，她做了啥决定，我俩就乐颠颠地做起来。他们一直不信传说中“气场彪悍”的我会有这样的岁月。直到有一天我拉着一诺见了我回清华之后新结交的几位损友，他们一致同意：一诺是颜宁的升级版。

我一直觉得我是一个很幸运的人，因为在我心智变成熟的最重要那几年里很幸运地遇到了几位充满正能量的至交好友。我这个人不论表面看着多么 aggressive（上进要强），多么 ambitious（目标远大），其实骨子里是懒散淡漠的。不到十岁，我就开始思考人活于世的意义——说实话，我其实至今也没想明白：既然太阳系总有一天都会毁灭，不论贫富贤愚，到头来这一生难逃那一日，那人类一个个地熙熙攘攘、利来利往，所为何来？想是想不明白，但是既然活着，总不能辜负对你这么好的家人。所以我小时候无论做什么事情，就一个目标：让家人高兴，这是我存在的唯一意义。我努力学习，每次考试第一，都只为让家人开心骄傲。可是考入清华，第一次离开家人与素不相识的三个女孩同居一室，心里突然就惴惴不安。在刚入清华的前几个月，新鲜感抵不过又一次找不到方向的无措；对未来的迷茫、对环境的不适、没征得我同意就恶狠狠砸过来密密麻麻让人喘不过气的新知识……在清华开学军训之后的三个月于我如同炼狱。

对清华的不适到了期中考试终于达到崩溃，我牙齿打战、完全看不懂题意地参加了高数的期中考试，以为这下要平生第一次不及格了，我最紧张的是该如何向父母交代。好像是回家跟妈妈说着说着就哭了。但是令我意外的是，妈妈完全不在意我是否会挂科，只是心疼我不开心。我才意识到，从小学到高中，因为我从来没有成绩差过，所以其实并不知道父母对于我的成绩到底多么在意，只不过自以为是地觉得好成绩会让他们高兴。成绩下来，我竟然奇迹般地得了 67 分。要知道，这可是我在大脑完全不运转的情况下考出来的成绩。更重要的是，我第一次深刻明白了原来父母最在意的只是我是否健康开心，成绩只不过是个附属品。

没有了任何压力，我虽然开始热热闹闹地享受起在清华园里的五彩缤纷，但同时少年时就开始的对人生意义的迷茫也不由自主地袭来……这里不可免俗地省去 3000 字……

直到我与一诺因为《心太软》而交心，她就此成了我在大学里的主心骨。更有趣的是，我因为要调整心情，玩笑似的在大二开学时参加系里的学生会主席竞选，竟然战胜了五字班的 WGQ。还记得，结果一出来，我那胳膊肘向外拐的辅导员咬牙切齿地说：但凡 WGQ 用一点点心思也轮不到你呀！于是当上学生会主席的我和系里好像叫作团支部副书记的她都成了“学生干部”，除了一起吃饭上课，又凭空多出许多交集。不过一诺总结很对，她是认认真真地对待这些责任，我是嘻嘻哈哈地以玩闹整蛊为乐。结果便是，她是被组织信赖、师弟师妹敬仰、让师兄师姐刮目的“诺姐”，我似乎一直被定位在“不靠谱”。现在回想，两个人那么多时间在一起，竟然没腻，也真是奇迹。

我大二大三的日子就这样心甘情愿被一诺主导着。她说，哎呀，咱们这学期课太少，干脆去考托考 G 提高英语吧。于是我就欢快地跟着她报了新东方，每次跟着她快快乐乐地骑着车上下课，几乎创了清华生物系在大二就考托 G 的先河，我们俩的成绩还都高得离谱。她说，哎呀，我们要早进实验室，于是我就在大二暑假进了个实验室，到现在除了氯仿抽提啥也不记得了；她说，我们去看画展，于是我就迷上了 M. C. Escher（M.C. 埃舍尔）至今（一诺：这个应该不是我的主意，我也是跟风的）；大三暑假，她说，咱们高年级了，该去荷园吃饭了，于是我就喜欢上了荷园的凉皮（直到前不久才知道她放弃九食堂的真正原因竟然是漂亮师姐毕业了，我真是后知后觉啊）；一诺自己联系了在上地的诺和诺德中国研发总部做毕业设计，跟我说那里多好多好，于是当我有了机会，也在大四的深秋义无反顾地追随她跑到那里做毕业设计；一诺用功，我也变成了每天上自习回宿舍最晚的一个。

当我们班大多数同学还在三四五教、图书馆上自习的时候，我已经跟着一诺进驻了旧馆 401、402，那些高年级学生的专属自习室（托 G 准备室）。夏夜，柔柔的风从窗口闲闲地吹进来，远处是荷塘的蛙鸣，我脑子里总会闪出“夏风沉醉的夜晚”。我们上一会儿自习，我就拉着一诺跑去荷塘散步，偶尔也不小心大声喧哗，于是惊起鸳鸯无数，只得呕吐呕吐……还有一次是冬天，外面难得地飘起来大雪花，旧馆 402 的自习室不晓得什么时候只剩下我们两个，一个五字班的师兄跑进来“善意”地提醒我们得早点回去。于是我们收拾书包，出门……无数只雪球迎面飞来，原来是中了五字班的伏击，很快针对我们的战争就成了大家的混战，那可真是愉快的一场雪仗……我就说，大学开心的记忆里，一诺总在那里。

大学时代的我是个比现在质量多出将近 20 斤的胖丫头，几乎没有感受桃花的机会；可是一诺尽管外表是个假小子，却总为桃花朵朵而烦恼。我们两个基本无话不说，彼此完全没有秘密。于是，我就成了她最好的听众。谁谁谁，外貌不过关；谁谁谁，太忧郁；谁谁谁……还记得后来成为清华十杰的某力学系男生为了追她，天天到我们系馆上自习。我可不懂风情，只对这种侵略别系领土的行径表示愤慨，所以谈到这位，我只有差评差评差评。好不容易，终于有一个被我肯定为偶像实力派兼具的师兄勇敢地向她表白了，我立即批准，不过跟他俩吃饭总有那么点小别扭，我于是刻意地回避了，但心里难免落寞。可是也才三周，一诺来找我，说分手了。原因竟然是：跟他在一起不如和我在一起舒服。我那叫一个洋洋得意，当然也免不了假惺惺地劝她别任性。

因为一诺，我的清华岁月五彩斑斓，喜怒忧欢，还让外人看来似乎成绩斐然。天晓得，我只是一路跟着她的方向跑。可我又有做什么都要尽力做到最好的习惯，于是便也成就了一个光彩照人的本科 CV（履历）。

因为一诺，我的大学生活在热闹折腾中似乎一转眼就过去了。2000 年 7 月，我们在班里聚餐时哭得稀里哗啦、毕业舞会只顾着感慨那些一直被腹黑的男生们竟然一个个变出了貌美如花的女朋友之后，离开了清华园；8 月，我去了美国东岸的普林斯顿，她去了西岸的加州大学洛杉矶分校。曾经很长一段时间，我哼唱的都是黄安的《匆匆》。

匆匆太匆匆 / 你我早已各奔西东 / 匆匆太匆匆 / 要相见只有在梦中 / 匆匆太匆匆 / 今夜无雨也无风 / 匆匆太匆匆 / 像花开花落人间如梦啊 / 多少年曾经悲欢与共 / 分明是春夏秋冬 / 知己难逢啊 / 你来也匆匆 / 你去也匆匆 / 何时风见你的笑容 / 我把相思深种 / 盼你成龙凤、就算你在西我在东 / 太匆匆 / 唉呀我的梦 / 别后多珍重太匆匆 / 唉呀我的梦 / 别后多珍重

我不知道这是才子黄安写给谁的歌，但对我和一诺来说简直是太应景了，基本是我内心最真实的写照。

成为“女神”之前的故事——致敬十六岁的我自己

文|闪闪

致敬年少的我自己，以及那么多为自己的命运努力过和正在努力着的人。

最近和姐妹们写了不少文章，朋友读者常有反馈，说“高大上”、“白富美”、“不是“奴隶社会”是贵族社会”。自己回头看看我们的文字，虽然没有名包洋酒豪车豪宅，但推崇的价值观显然是温饱不愁后更上一层的追求。于是决定也写写成为“女神”之前的生活，写写年少的我自己。

我是“70后”，上海知青子弟，在安徽一个四线小城长大。从小生活不能算苦：虽长在小地方，父母都是老师，收入不高却也稳定，且在没有不均的情况下，寡也并不觉得寡。同时作为长女，漂亮伶俐，成绩不错，体育美术音乐又都会一点，无论在家里还是学校也算是宠爱优越了。

人生第一次感到压力是上中学。小城崇尚学习，奉“考上大学，离开小城”为人生的终极目标。但同时教育条件有限，想考好就只有拼努力。我上学早，上初一时只有十岁。记得那时每天五点半就要起床，在蒙蒙亮或者乌黑的早晨背着书包往学校赶，先上一个小时的早自习。早饭后上午四节课，午饭后下午三节课，晚饭后还有晚自习，初中两节一直增加到高三四节，回到家都晚上十一点多了。所以我的少女时代没什么罗曼蒂克，最大的感受就是困。而且几乎没有娱乐，一星期六天课，最奢侈的是星期六晚上看一会儿电视（看什么都好，包括预防棉铃虫的科普片）和星期天上晚课前看半集《正大综艺》。

我仍不甘心做一个书呆子，看不起闷头学习无趣的人，最怕别人觉得我用功。就这么半认真半不认真做着题，偷看着三毛、张爱玲，成绩挺好却也不拔尖地到了高二。直到有一天，看到高校招生目录和录取分数线，才明白“挺好不够好”，才知道如果考不到整个小城数千学生里的前三名，就甭想去北京或上海的一线学校。

接下来就进入了我不眠不休的十六岁，每天做累了物理题目就改背英语当作休息，生日礼物是周末睡到吃早饭（不是自然醒）。以至于大学毕业进了投行，开始传说中“一星期一百个小时的炼狱生活”，感觉到特别累时我就会想：“这有什么，不就是又回到高中时候了吗？而且做model又不像做题，不用老动脑子。”

终于，我考上了心仪的外院，幻想的大学生活还没开始就经历了沉重的打击：人生第一次感到处处不如人。

首先是学习。我考试虽然不错，却从没有听过和说过一句英文。开学第一天就傻眼了：老师全用英文讲课而自己完全听不懂。痛哭之后，我原以为美好浪漫的大一生活，成了高三生活的继续，而且这次没人督促，全凭自觉。早上五点宿舍还没有电就在楼道里凑着走廊灯朗读，晚上熄了灯躺在床上听China Radio International（中国国际广播电台英文广播），图书馆自习室中午关闭，我曾藏在厕所里不被发现，得以在关门的两个小时里继续看书。我一直苦心经营的“不在乎成绩，但天赋太好所以随随便便就信手拈来”的形象未曾开始就彻底崩溃，在大家眼皮底下痛苦地成了一个严肃无趣闷头学习的呆子。所以我没有一个男朋友，没学会跳舞，没增加任何才艺，但我得到了第一个学期全系总成绩第二的排名，和它给我带来的信心——只要我想，我就能！

另一个是穷。我拿着妈妈的工资卡，一个月四百块，在当时并不算太少。只是在外院一群大城市家境更好的同学中，没有钱参加旅行、看演出、买衣物，觉得拮据和寒酸。现在想来真的不算什么，但当时对于一个十六七岁、娇宠骄傲的少女来说，却是觉得非常委屈甚至羞耻。我还记得很多次自己一个人晚上站在学校门口的立交桥上，看着来来往往的车流，忍不住就哭了——感觉北京如此之大，自己却什么都没有。

同宿舍有个家境较好的北京女孩，对我特别好。她常吃派和香蕉当作早饭，总会让我咬一口。为了控制我别吃太多，她会用手指卡住，只露出一点，但同时对我因为多咬一点常常咬了她的手指并不为怪。这个特别的待遇使我这么多年后每次想起来心里仍然感到温暖柔软。

那时我可能比所有的同学都爱钱。在宿舍里贩卖小首饰，接多个家教的活，以赚钱为目的地做各种实习（或者叫打工更贴切），从翻译编书到穿迷你裙给各种展览站台……就连毕业时找工作，我也先是签了普华的 offer（合同），却在毕业前一个月在不明白投行到底是什么的情况下义无反顾地“倒戈”投入一家国际投行，原因很简单：它开出了普华三倍的薪水（半年后我才惊喜地明白原来有这么一个行业年底起码拿年薪 100% 的奖金！）。我人生最骄傲的时刻就是大四时把妈妈的工资卡还给家里，并拿我工作后第一个月的薪水给妈妈买了条白金项链，给爸爸买了部摩托罗拉手机，还给自己添置了人生第一双名牌运动鞋——那感觉是如此喜悦和幸福，尽管它们和高尚的追求没有一毛钱的关系。

大学还有一件悲催的事就是胖。一辈子清瘦的我刚上大学突然发胖二十多斤。以至于团干部找我谈话——我还以为他要发展我入党，结果他却是很痛心地说：“作为一个男生，实在觉得你这样长胖太自暴自弃了……”

大学毕业时找工作是另一段终生难忘的经历。那时北京对户口控制得还很严，大部分外企不能轻易招外地学生。我记得自己在国贸和嘉里中心的写字楼里一层层投简历，撞着胆子让前台请人事经理出来，当面递上自己的简历，只为说一声“真的希望您能给个面试的机会。之后因为户口原因不能录取我也不会抱怨”。每去完一家我都得到洗手间关起门来调整半天，才能有勇气去下一家。现在回想起来我自己都觉得这像是一个励志故事。

最后一次拼命则是在 22 岁时考 GMAT（经企管理研究生入学考试）、申请商学院。当时我还在投行工作，每个星期要工作八十个到一百二十个小时，因此只能每个周日草草补个觉后，做一套专业模拟题，然后打车去新东方上课学英语，接着再回公司加班。每天加班至深夜一两点钟才回家，再接着写申请材料，简直是苦不堪言。我知道投行不是自己的终点，却从来没有想过辞职或者休长假以便准备考试和申请。有一半是因为我需要薪水和奖金付留学的费用，也有一半是因为珍惜自己获得的机会，害怕放弃了就再也没有了，即使它只是一份入门的工作，即使它不是自己想要的生活。

十多年过去了，之后我留学美国，恋爱，进入麦府，升职，结婚，做妈妈，再升职，然后追随另一个人到第三世界国家创业，重新开始一切。这中间当然也有很多艰难的时刻，但相比年少的时候却都顺利和从容了很多。我得到了那么多年少时渴望和不敢渴望的东西，亦做出了年少时候不敢想象的放弃，例如成为麦府合伙人。

现在的我看重的东西和十六岁如此不同，例如自由、激情、好奇、随心、有趣、影响世界……但我仍时常会想起年少的我，想起那个在书桌上刻“天道酬勤”的小女孩，那个为独占一份打工机会跑遍学校所有宿舍门口把海报都撕下来的女孩，那个通宵一边守着 Pitch

Book（标书）打印一边背 GMAT 单词最后趴在打印机上睡着烫伤了手臂的女孩。想起她最初的贪婪欲望，想起她为争取自己想要的东西时的勇气和执着，我会觉得充满骄傲，充满敬意，虽然她那时的目标那么俗。

致敬年少的我自己，以及那么多为自己的命运努力过和正在努力着的人。

致注定无法成为女神的自己

文|Simei

序（闪闪）：那么坦然的一个人，大大方方承认自己胸无大志，觉得自己有今天都是运气好，并不是所有人都能做到的，特别是我们充满了 insecure over-achiever（优秀但没有安全感的人）的小圈子。Simei 亦不畏冲突强权，直接抛出不做女神的口号，直指包括我在内的多位麦府前辈，充分发扬着麦府“提出质疑是我们的义务”（obligation to descent）这一精神。赞一个！

另，有个小插曲。Simei 的第一稿写得很流水账，不清不楚，被退了稿。我客气地说要发的话就需要彻底改一改，心里很不觉得她能做到。不光因为时间很紧，还因为抒发个人心思的文字常常带有很强的情绪，不容易轻易改变。没想到她真的很快又写了一稿——完全不同的一稿，在高烧头痛到一夜不能睡之后。惊喜之外，我心里暗笑：这积极刻苦的态度和接受意见、做出改变的能力！Simei，也许你得到的一切并不只靠运气。

每次看麦府以及各路女神们的高大上，心中若干羡慕，不过仅仅是羡慕，因为我已经清楚地知道，不是最聪明、不是最努力、不是 X 二代、没有惊人美貌的自己，注定无法成为女神，于是安然处之。当时光大张旗鼓地滑到生日的这一天，突然很想记录点什么，于是来到“奴隶社会”留一点痕迹。

除了诚惶诚恐地在新加坡的第一年迎来了30岁的生日，最近两年对于年龄的增长已经淡然。特别是今年的生日是Good Friday（受难节），放假一天，足以弥补。这让我不禁感慨，年龄大了，心态越来越平和，不再那么愤青，不再那么激进，不再那么无所顾忌，不再那么随心所欲，所以可以心平气和地坐下来，评估自己和女神们的差距。

首先，没有女神们的美貌。虽说身材相貌在20岁之前靠的是父母，20岁之后靠的是自己，但是对素面朝天了32年、不关心时尚、不追求大牌、不会化妆、没决心减肥、又不舍得花钱的我来说，外形绝对是个致命伤。看看美女CEO、外企女高管、麦府女董事，称得上女神的绝对都是精致、高贵、优雅、得体。经过了事业的攀爬期后，个人外在的体现就表现得尤为重要，对于自己的要求也越来越高。近距离地接触过新电信集团的CEO，有人说是李家的媳妇，有人说是总统的同学。不管身份如何，年近六十，雍容高贵。年龄相仿的女神们，每次也都是华丽丽的亮相。而我呢，严守屌丝心态，总是试图把500块的衣服穿出5000块的效果，并且乐此不疲，注定与女神绝缘。

其次，没有女神们的过人背景。这个背景包括先天和后天的，X二代绝对是最直接有效的背景，生来成为女神，一样值得尊敬。后天的女神们，靠着聪明、努力、不懈怠地把握各种机会，比同龄人更懂得充实自己、提升自己。海归的博士，顶尖的MBA，拥有各种认证，毕业之后得到了最好的工作机会……女神们在同样的时间里，坚守着信念，没有无所事事，取得了比同龄人高得多的成就，于是步入30岁的时候，就已经锋芒毕露，自己当老板，高管的头衔也是信手拈来。

再看看自己，一直以来，靠的都是运气，从来没有头悬梁锥刺股，从来没有刻意追求什么：中考的时候有加分，虽然没有用上；大学和研究生是保送的；毕业找工作是随性的，虽然在宝洁的ABM和麦府也纠结了很久；随夫到了新加坡，换工作也是水到渠成的，似乎一切一切都是顺其自然。根正苗红地做了十几年班长、大队长、团支书、学生会主席，等等。高三的时候入了党，还代表高中出席了全国学联代表大会，一度以为自己是要为共产主义事业奋斗终生的栋梁。但是和公务系统无缘，曾经误打误撞地参加了国考，入围了国家发改委分数最高的某一个职位，参加了两轮面试，面试官就差直接告诉我："其实我们想要一个有背景的男生。"虽然有那么一点遗憾，但也仅仅是遗憾。遵循着"生命给了什么，我就享受什么"的信条，泰然处之。有的时候又因为得到的太过容易，而放弃了很多机会。所以过于随遇而安、又没有什么坚强信念的我，注定无法成为女神。

第三，没有那么强大的内心。拜读过小花和大头的爱情、闪闪成为女神前的努力后，真心觉得自己太弱了。耐得住寂寞、扛得住压力、需要的时候可以冲上去；风云职场还是华丽转身，都能在最短的时间内调整好自己的内心；不怨天尤人、不自怨自艾，永远可以找到自己的定位，并且迅速崛起。这是女神们必备的内在。而我呢，在做研究期间，耐不住寂寞，无法全身心地应对纷繁的代码；在职场初期，扛不住压力，工作多了就退缩；我的宝贝 Coco 降生后，重心转移到家庭，但是心里却没有最快地接受这样的角色；曾经那么消极地面对初到新加坡的各种不适，明知道英语是一大弱项，却依旧逃避，不愿意面对；常常微信抱怨老爸唠叨、老妈强势、工作的各种无厘头，再偶尔映射一下老公，博取一些同情。和女神们的云淡风轻比起来，我真的是太弱了。

最后，女神有一个幸福的家庭，这是我离女神最近的一点了。幸福的定义很不同，可以有一个既师既夫的老公，指点江山，为女神们铺平道路；可以有一个年龄相当的事业伴侣，携手并肩，挥斥方遒；也可以有一个愿意牺牲自己的真爱，揽下所有的纷繁一切，只为保障女神的前进。我和赫赫同学从“之江主席对”的亲密战友，老乡加舞协舞伴，到在2002年我生日的时候在一起，如今已经走过整整12年的风风雨雨。

记得之前看过一对清华很牛的情侣分手，感慨万分，幸运的是，我们的爱情抵得过时空的分隔：2003年我去香港大学交流半年，我们在香港和杭州各自对抗非典；2004年，赫赫开始了一年中国志愿者之旅，在遥远的四川大凉山；2005年，我们分隔成紫金港和玉泉；2006年，我们靠着动车穿梭在上海和杭州之间；从2007年开始的20个月里，我们的每月至少一聚，靠的都是在广州和上海之间的“飞的”，为航天和通信事业做了力所能及的最大贡献。虽然在我刚刚从香港交流回来的那天，也曾听接到“小丽”的电话；虽然也有MM拿着日记表白，酒后吐真言，不远万里去昭觉看他；与此同时，好像也有若有若无的欣赏者伴随在我的左右……一路走来，我们没有分分合合，有的是对彼此的信任和支持，不断地鼓励对方接受挑战，成为一个更好的自己。当Coco小朋友于2010年降临，我们生活在一起的短暂二人行，就变成了快乐的三人行。

这些年来，靠着还不错的运气，一路走来，没有特别的努力，也没有特别的辛苦，更没有极致的成就。在女神大行其道的今日，掂量掂量自己的半斤八两，淡然地面对永远成不了女神的事实。接受生活的起起伏伏和越来越平庸的自己，努力以一种平和的心态去面对一切，珍惜一切；做一个善良的人，感受岁月的细水长流；争取做一个更好的自己，做一个温柔一点的妈妈。希望在进入未来每一个年龄段的时候，可以坦然、从容、优雅。不为成为女神，只为成就一个无悔的自己。

女汉子的玻璃心

文|豆腐东施

第一次看到“女汉子”这个说法，就觉得这说的不就是自己么。从小搞数理化竞赛一路念理科，在男多女少的环境中度过青春期。毕业后进了外界看来“把女人当男人、把男人当牲口”的咨询公司，出差基本不托运行李，一把举起推进头顶行李架。曾经只身一人从机场包黑车去四线城市考察污水处理厂，夜行在高速公路上还嚼着陌生司机给的槟榔以保持清醒。工作到深夜，会捋起袖子，脱了鞋子盘腿而坐，换个更舒服的姿势继续工作。衣柜中裤子多于裙子，黑色多于彩色。和男性朋友们吃饭，也抢着买单，聊到高兴时，也会脱口而出“TMD”……女汉子这个说法，真是让我相见恨晚！

然而，慢慢发现我是有一颗玻璃心的女汉子——常情绪波动，有时也感情用事，敏感纠结，容易被外界影响，自尊心强，又常常不够自信，在许多场合渐渐感觉到自己虽然是女汉子，也还是会觉得力不从心。第一次有职场性别意识，是在读MBA期间做暑期实习，在国内某著名私募股权投资基金。那次跟着几位前辈，去东北某电力设备公司，在谈了一整天“高压开关变压器”技术问题后，晚上对方公司请我们吃饭。东北的商务宴请，自然是觥筹交错，喝完红酒换白酒，完了还得再去酒吧喝啤酒。环顾一圈，我是在座唯一女性，心中纵然很想来点果汁酸奶，也只能喝着红酒应付场面。后面又有好几次这样的场合，虽然人家也不会真的劝你喝很多，但真心是不喜欢的，也完全不能在那样的氛围下和大家打成一片。

MBA 毕业后，没有做私募，回了咨询行业，继续在相对舒适区待着。可是职场性别意识一旦觉醒，就会像一颗发了芽的小苗一样，一直冒出来。随着年资的升高，慢慢发现在许多开会场合中，自己常常是少数的女性与会者之一，要和一堆比我年长经验丰富的大哥大叔们斗智斗勇，还得建立起所谓“peer like”（平等）的对话气场。在那些会议中，要言语机智、举止成熟，对外投射出坚定的存在感来，除了依靠专业能力，还真需要有强大的小宇宙支撑。

写到这儿，我才明白过来，我并不是想探讨男女有别或者是女性适合做什么样的工作，而是想讲讲更普遍的女生该如何建立起一颗强大的内心，来匹配我们因为成长经历和外界期望而武装出来的女汉子外表。

首先，在大方向上要知道自己的 boundary（界限）在哪儿，但在具体事情上要相信自己的能力。谈到女性心灵建设书，最近最有名的属 Facebook COO 谢莉·桑德博格（Sheryl Sandberg）的书《向前一步》（*Lean In*），书中提到：

> 在面临一个有挑战的新机会时，男性往往会说让我拿下这个机会做了再说吧，但女性往往会犹豫一下，担心自己可能不能够胜任这份工作，但其实两者在能力上并无太大差别。长期在这样的心态和结果反馈下，男生会越战越勇，而女生会一直畏首畏尾。

所以，在具体事情上要给自己最大的鼓励，相信自己肯定能行，逐步积累起职业高度。但是在战略层面，还是要想清楚自己各个人生阶段的优先级和 boundary（界限），做出符合内心的选择。我在去年离开了咨询行业，虽然我喜欢那里的领导和同事，享受团队化腐朽为神奇的工作过程，怀念明确的职业发展路线和各阶段的培训。但我知道往前走，我需要放慢自己的节奏，需要有更多的时间照顾自己和家人的身体，建立起更可持续的工作及生活方式。短暂纠结后，我做出了选择。一旦决定了，就要向前看：我正在逐步找到新工作的兴奋点，花时间培养兴趣爱好，享受偶尔无所事事的时光。

另外，不管在哪个人生阶段，做什么样的工作，建立起自我参照系是一个长期修炼的过程。最犀利的一篇文章当属杨绛的《世界是自己的，与他人无关》。杨老用百岁的生活智慧，告诉我们过自己的日子，不用管别人怎么想。

我个人的体会是，焦虑的来源主要有两个：第一是 peer pressure（攀比的压力），源自从小就被和“隔壁家的孩子”比，比谁成绩好、比谁赚得多、比谁升职更快甚至是生娃更早，慢慢地，外部坐标内化成衡量自己人生的标准；第二就是想要每个人都接受自己，怕别人失望，女生尤其有“try to please everyone”（取悦所有人）的倾向，希望自己八面玲珑、人见人爱。这样建立起来的精英意识和完美主义倾向，在早年成为了我们前进的动力，然而在某个阶段开始觉得负累，开始反思：我到底是为了谁生活？我不期望能做到完全自我，因为内心与外部世界的斗争将会是我们一生的修行。但至少要做到，能定期地和自己独处，甩掉一些浮云般的压力。

与此相关的一条体会是，要不怕示弱（show your vulnerability），承认自己的弱点。我有一段时间，特别怕在大会上讲话，但作为一名“沟通至上”的顾问，这不等于废了一半的武功么？苦恼之余，我去寻找解决方案，找到一本叫《再也不怯场》（*Getting Over Stage Fright*）的书，里面大多数的实用攻略我已经记不大清，只记得这样一段话：

许多有 stage fright（怯场）的人，深层原因是怕暴露自己的弱点，怕被他人审视。

仔细想来真是这样，我总担心分析有漏洞，方案不够缜密，又怕自己说得不够清楚，会受到挑战，于是就想快点说完就算，这样慌乱的心态下，效果可想而知。作者说：

其实听众愿意花时间来听你说话，目的并不是来评论你，而更关心你讲的内容对他们有什么帮助。

一旦说破，这其实是很简单的道理。当越过这层心理障碍后，讲演变得轻松，尽可能娓娓道来准备的材料，如有不全面，大家也可以讨论嘛。放到更大的方面，对自己没有那么苛刻，更有安全感，对别人也相应就会更包容，总是看到人和事的闪光点，平和轻松许多。

以上基本都在讲自我修炼，其实女汉子在修行过程中并不孤单，玻璃心碎了一地时，常有人帮着捡起再捏好。

最先要感谢的是我的老公，2014 年也是我们在一起的十二周年。我们多年来的步调高度一致，读书时喜欢上自习，先后保送研究生，进入咨询行业，去美国念书再一起回国，一致到偶尔会有我们是学习工作伙伴的错觉。在早年幼稚的时候，我甚至还有竞争意识，去跟老公较劲，就怕输了他半拍。背景的相似，让我很容易被理解。然而，性格的互补，才让我真正地感到幸福安定。他慢条斯理，比较沉稳，话不多但总是能一语中的。在我每次不平静、絮絮叨叨地跟他倾诉时，他宽解我的角度和高度，总能让我尽快释怀。他又是一名喜欢萌物的大叔，家里的可爱物件大部分都是他觅来的，生活中的惊喜也是他给我的比较多，如此温暖的性格总能让我放松，卸下盔甲让女汉子外表下的小女孩溜出来玩一会儿。

另外就是感谢闺蜜们的陪伴和分享，有的是工作中熟识起来的，属于和我惺惺相惜的女汉子类型，善良仗义。最近一次在工作中受了挫折需要找人吐槽时，某汉子闺蜜二话不说就来找我，因为有任务要赶，只能在出租车上抱着电脑干活。有的已经认识近二十年，虽然我们后来走的路不尽相同，但她的人生智慧和感悟已经超越职业层面，每次和她聊天都感觉很舒服且直入人心。最近一次我们互相交换看珍藏着的十几年前写给彼此的信，读得笑中带泪，穿越时空，发现现在的我还是那个本真的自己，真的不用刻意改变什么。

还要感恩的就是各 mentor（导师）们，虽然不会上纲上线地叫他们导师，也不频繁联系，但每次在我踌躇彷徨的时候，都能从他们那儿得到点拨，获得力量。总之，我很幸运有这样的支持网络，也祝福每个女汉子在前行路上，能得到照顾，也付出关怀，能够渐渐地把一颗颗玻璃心打造成水晶心——至少是钢化玻璃也好。

天使系列之 Jessica

文|冒烟的QQ

自序：谢谢“奴隶社会”，让人可以领略不同的人生精彩。很赞同“奴隶社会”所讲的“人生走一遭，到头来什么也不带走，定义我们的无非是做过的事，遇到的人，有过的爱。”

“生命中每天遇见的人，发生的事，都是惊喜和运气。”金星把这句话写在了她的书《掷地有声》里。天使系列也是有一天意识到一路走来遇到了好多的人，有些幸运的还在身边，而有些转身离开，自此人生就很难再有交集，或许唯一不变的是回忆在一起的时光很美，所以开始了这样一个“抢救记忆”的行动，不为别人，为的是自己。我想我白发苍苍，容颜迟暮，更年期又很健忘时，可以在温热的午后，坐在藤椅上，喝着茶，读着我和我的天使们的故事。

总有一些女子是上帝散落在人间的珍珠，Jessica 就是这样的一位女子。

去咨询公司面试的时候，站在高耸入云的金茂大厦门口，抬头看的时候明晃晃的阳光很是刺眼。金茂大厦我一直记得，很多年前我在家里的一个挂历上看到过它的图片，此时此刻站在挂历上那个金茂大厦的门口，即将走进去面试了，有一种梦想即将变成现实的虚幻缥缈。

一身干练的职业装、一口纯正的台湾腔，一开口标准流利的英语，优雅、知性、利落、漂亮、迷人，在气场强大的老板 Jessica 面前，我越来越紧张，蹩脚的英语越来越结巴，额头直冒汗，并且开始一滴一滴往下滴。我心里十分确定以及肯定这个面试被我口齿不清的英语彻底搞砸了，可怜第一次的亲密接触就以这样的惨败结束，即将跌入万劫不复的深渊。但万万没有想到的是她决定要我了。她说，“所有的求职者里面，你交上来的作业最认真，思路也最清楚，我喜欢你这样勤奋上进、一丝不苟的态度”。我就以这样窘迫的方式拿到了这份实习的 offer。

办公室里就我们两个人，Jessica 和我一起相处的时间却不多，因为她整天在飞，上海、北京、深圳、香港，我一个人待在办公室却也是不敢偷懒的，想想老板都这么忙，不努力点可要随时准备卷铺盖走人。在与她有限的一些共事的日子里，她通常都会请我吃饭，以至于后来很长一段时间我都错误并幼稚地以为请新员工吃饭是那些有钱老板们天经地义的本分。除此之外，我还发现她做事情认真细致到无以复加，就连电脑的电源线都一圈一圈缠绕得一丝不苟，丝毫不比出厂时的标配逊色，而我通常就是胡乱团成一个团往包里随手一扔就打发了。每每看到这些细节，我仿佛就能够看到做这样一位“严苛女魔头”的手下，以后会是有多么的水深火热以及我将要成为的“恐怖”样子。尽管 Jessica 给了我一个薪水还不错的正式 offer，但后来拿到 IBM 的 offer，男老板，男同事，没有细致而微的苛刻要求，简直太爽了。所以我头也没回，逃也似扑向了那个男人堆。

虽说“人不辞山，虎不辞路”，但隔着这些年的职场路回望当初的选择，套改《一代宗师》里宫二的话，我在最好的时候遇到了 Jessica，是我的运气。可惜我没有珍惜，想想说人生无悔，都是赌气的话。老板们的烈火烹油高要求其实质是来日不远处自我成长的鲜花着锦，所以是迎难而上换取破茧化蝶还是急流勇退做只温水中的青蛙，只在一念的取舍之间。

有一次搞 Kick-off meeting（启动会议），她让我去买准备会议用的咖啡和点心，看到星巴克新出的樱花小熊很可爱，我就走不动了，那个小熊像非要跟我一起走不可似的。想想 Jessica 一个人从台湾到大陆，背井离乡地独自打拼，也很辛苦吧，那个时候的我只能粗浅地理解到这个层面，还无法体会她工作的业绩压力，下对员工的弱不禁风，外对客户的吹毛求疵，所承受的焦头烂额与生煎活熬，咬咬牙掏了自己的腰包买了那个小熊送给她。收到礼物的她开心得像个小女孩一样，告诉我她一直收集星巴克的玩偶，这大概就是缘分吧。这也算我们之间一个比较温情的小插曲。

再后来去了新的公司，和 Jessica 的往事也被我渐渐淡忘了，除了内心隐隐有些不安，离开的那样突然。但新的公司和新的工作很快就把我的生活填满了各种活色生香。那年的生日，我一个人跟着一个陌生的团走在去九寨沟的路上，突然收到她给我发的“生日快乐”，问我什么时候回上海请我吃饭。高大上的前老板给我发的这条短信着实狠狠地把我感动了，当时我开始有点小后悔离开了她。所以回上海吃饭的时候，趁着她中途出去接电话的空档，我迅速地把单买了，虽然我也有点心疼那么多钱只吃了两盆草一样的东西，连点肉腥也没看见，可似乎唯有这样才可以让我内心稍稍不那么内疚，总算为她做了点什么，或多或少，那也是这么多年跟她见面吃饭我唯一一次成功抢单的。就算她后来辞去香港的工作到上海找朋友玩，我坚持要请她吃饭，她也很体贴地选了一家很普通的店，并且还一个劲地告诉我她很喜欢。哪里真有那么好吃，我心里分明觉得她在不动声色地呵护我那颗敏感的小自尊心。

在我经历人生和职业双重低谷期的时候，她还帮我推荐了工作，我告诉她被我搞砸了，很不好意思连累了她。她说，“没关系，我的

reputation（名声）不会因为你受影响”。再后来的陆总说：“Jessica 看上的人是不会错的。”我又一次占了 Jessica 的便宜。从认识她开始，我就一直厚颜地占她的便宜，占她饭钱的便宜，占她名声的便宜，占她奋发向上的精气神的便宜。她总是这么慷慨地给予，不求回报。是因为当年不经意间送她的那个樱花小熊曾轻启过她的心门吗？

最近一次跟她见面，她跟我讲了她初入职场发生的一件让她至今都留有余念的事情。有一次高层开会一位领导让她去复印一份材料，那个时候离会议开场只有五六分钟，她匆忙地浏览了一下，发现老板给的资料版面整体有些斜，印出来不是很规整还有些字迹模糊不清。她就利用这点分秒的时间，把那些不清楚的字描清楚又调整了复印时文件的摆放位置，重新印了一份整整齐齐清清楚楚的资料送过去了。那位领导拿到后先是楞了一下后又仔细看了一眼，又抬头看了看她，对会场的人说，“这个实习的小姑娘以后在职场中会走得很远”。她说当时她还不太理解那位领导话里话外的余音，时至今日才体会得颇为深刻。她的话音至此，我猛然想起当初在那份实习作业中，我曾斗胆陈述过公司网站信息更新不及时的问题，那是那时她想改进和提升的事情。那一瞬间我才真正理解了“龟毛”女老板当年在我那么烂的口语下，依然说我一丝不苟的背后所真正看上我的原因。英语很重要，不过再重要也只是一个工具，鱼上的香菜而已，没它不行，而只有它也还远远支持不住，修炼自身才是职场正道。

她说暂时不想工作了，想去印度待半年，做做瑜伽，画些画，我听完的第一反应就是她简直是疯了。紧接着她又说她不想做原来的工作了，从印度回来准备找一份公益组织的工作。我忍不住脱口就问：“都已经这么久没工作了，再去印度待半年，那你的房贷怎么办啊？”她很淡定地告诉我，要学着“转念”看问题，如果有一天还不起房贷，就把房子卖了，事情总归有解决的办法。那一刻我才意识到这才是收放自如的怒放人生，潇潇洒洒。

人生真正的强大不是避开车马喧嚣，而是在心中呵护一朵花开。这些年，在 Jessica 的呵护下，经历风雨摧残后的我成长得越发茁壮。多年前初入江湖，我无比害怕成为一个 Jessica，策马红尘、血流满地。但摸爬滚打了这么多年后，我却无比想成为一个 Jessica，内心拥有着磅礴的自信，不向现实妥协，忠于自己的内心，坚持做自己想做的事、想成为的人。

温柔要有，但不是妥协，我们要在安静中不慌不忙地坚强。用林徽因的这句话描绘她的人生姿态，真是再恰当不过了。

失控这件小事

文|失控姐

序（闪闪）：描述 MiMi，谁也没有冯唐的《圣女麻将馆》里写得精妙。MiMi 在这篇半真半假的小说里化名“商淑”，用在麦府制定的制胜战略在哈佛商学院成功把自己嫁了出去。这篇小说忠实地记录了 MiMi 的三大特点：

出众：“先是小镇传奇，在异族繁盛的西南边陲，汉语优秀，算数精准，未成年考入清华。再是清华系花，虽然三选一，但是萝卜也是菜，毕竟是拔得头牌。”

文艺：“虽然是清华女生，但是商淑也写博客，也背唐诗，也拍照片，也见花望月。虽然个子不算高挑，但是面容姣好，比例合适，凹凸有致，在绝经之前，不施粉黛，穿童装，永远能激发萝莉控。”

甜心：“更难得的是商淑性格好，乐观积极。上清华的时候，送友谊宿舍的男生每人一个抱枕。项目开始之后，每天早上给大家熬泰国香米粥……”

就是这个甜蜜积极萝莉的小姑娘，如今也 30 岁了，即将在西南边陲老家和在哈佛商学院撞上的泰国白马王子大婚。我撺掇她写篇文章庆祝一下这美好的年纪和时光，满以为她会写个文艺范儿的恋爱感言，却没想她自称“失控姐”，讲述了她甜美笑容与优秀表现背后的种种纠结，讲述了她从遇到挫折就幻想当全职太太到接受自己对工作的看重和依赖。

我们都在失控中哭泣欢笑，任性然后成长，迷失然后再找到自己，纠结然后幸福！

“失控姐”这个词源自一个网络搞笑视频，一个四五岁的小姑娘被拉去做综艺节目，扮演小民警。小民警被要求盯住一个“小偷”。“小偷”蜀黍一时兴起，跟小民警拌起嘴来，哪知竟把小民警吓哭，“情绪突然失控”、“情绪再度失控”……小姑娘哇哇大哭起来，又好笑又可怜。

视频火的那段时间，正好是我和一个好朋友一边忙着约会一边忙着面试。每天心情都像过山车一样，随着约会、面试的顺与不顺高低起伏。我们不约而同地互称“失控姐”调侃对方。郁闷的时候，一想到自己大不了像失控姐一样凄凄惨惨地大哭一场，瞬间就会好受很多。

我对失控人群有个不科学的定义，那就是七情六欲都比别人来得猛、来得急。容易高兴，也容易难过；容易热血，也容易纠结；容易满足，也容易崩溃。

多年前因失恋，一个人跑到电影院挑了一部悲伤的电影，躲在黑暗中大哭。那段时间，我暴饮暴食，精神恍惚，每天都想着那个人，和死也等不来的短信。

我向一个朋友倾诉：我可不喜欢自己了。明明知道为这件事难过不值得，却无法控制自己的情绪，“浪费”了这么多时间。我说，我羡慕那些遇到事情波澜不惊的人，那些强大的人。

朋友听完我吐槽，说：你难过的时候体会到了比很多人更强烈的痛苦，但是你高兴的时候也会有别人体验不到的快乐吧。

我平静下来一想，好像是这么回事吧。我在朋友当中是出了名的笑点低，想给别人讲笑话，结果自己先笑得东倒西歪，因此老被取笑。幸福感来得也特别容易，老板的一句夸奖，朋友带的一碗麻辣烫，办公室的新咖啡机，都会让我傻乐很久。

换句话说，失控人群的幸福感均值和别人没什么不一样，但是波动性增大。

其实在大部分时间里，我觉得做个失控姐也没什么不好。经常笑一笑、哭一哭，解压又排毒。只有一件事情常让我心烦，就是上起班来，没办法随时随地失控。

对于尚未混出头、身不由己的小土豆，老板要求你交个活儿，客户催个东西，你总不能说，不好意思，姐正失控呢，一会儿再说吧。更要命的是，工作本身就带来很多失控催化剂。比如，犯了错，被老板批、被同事鄙视；客户“追命夺魂”地催着要一个东西；赶一个项目，需要协调很多人完成，眼看就要截止了，却有人掉了链子；好不容易项目收尾，以为大功告成可以美美睡一觉，客户突然发来一大篇后续要求……

内心强大的人说，这有啥啊，一咬牙就过去了嘛。但是失控人群，却常常陷入内心的煎熬。

第一波煎熬是对手头工作的焦虑。第二波煎熬是彻底质疑自己这种“失控人群”到底适不适合工作、有没有选对工作。

在麦府做“小鳖”的那几年，好多次，晚上九点多开完会，发现自己竟然有一堆活。别人是赶紧做完走人，我却常常会在心里面把以上两波煎熬都过一遍，好像一定要制服那个失控姐，才能继续工作一样。等我终于平静下来（或者说放弃跟自己 PK），已经接近半夜了，然后才开始吭哧吭哧干活……

越疲惫，越容易情绪失控；越是失控，就需要越长的时间干完活，然后就越疲惫……“失控小鳖”就这样在办公室度过了好多个深夜。我一度觉得，自己最大的敌人，不是工作也不是客户，而是那个失控的自己嘛。

失控姐在工作中吃了很多苦头。可谁能想到，有一天，我终于下决心与内心里那个失控姐好好相处，也是因为工作。

我曾在两份工作之间体验过“全职太太”是什么样子（并且不需要带娃）。离开工作的第一周，简直完美。时间全是自己的。上午睡到自然醒，做个瑜伽；中午研究一下健康菜谱；下午看书、游泳；晚上追美剧。第二周，做脸，看儿本书，约几个朋友吃饭，计划一下旅行，依然是充实的。

等到第三周、第四周呢？翻完了想看的书，追完了几部剧，我开始觉得无聊。我想找人聊天，分享我的菜谱，吐槽狗血电视剧，聊聊某个帅哥演员。可是环顾四周，朋友都没工夫理我。我想念共事的同事，甚至是那些不太好对付的客户。因为他们让我看到自己在社会中的角色，激发起责任感，甚至是灵感与激情……

那些熬夜的夜晚，比起一个人在家的孤单和失落，好像也没那么可怕了，也可以说是好了伤疤忘了疼吧……

刘瑜写过一篇很有名的文章，叫作《一个人也要像一支队伍》。她说：“在这样缺乏沟通、交流、刺激、辩论、玩笑、聊天、绯闻、传闻、小道消息、八卦、MSN……的生活里，没有任何圈子，多年来仅仅凭着自己跟自己对话，我也坚持了思考，保持了表达欲，还能写小说政论文博客，可见要把一个人意志的皮筋给撑断，也没有那么容易。”

她写得很励志。我也知道有好多全职太太们，活得滋润而精彩。但我做不到，我一个人成不了一支队伍。作为失控姐，我没那么多的自律。我需要身边有真实的团队督促我鼓励我，我坚持思考保持表达欲的动力也源于工作。

接受了这一点，事情反而容易了。

新工作并没有一切顺心，我依然因为第二天的会议睡不好觉，依然会焦虑能不能及时满足客户的要求、出现突发事件怎么跟老板解释。那个失控姐，还是会时不时跳出来捣乱，我依然会在出错的时候自责不已，会在电话邮件蜂拥而来的上午脾气暴躁，在加班加点的夜晚心情沉重……

但最大的不同是什么？

我再也不纠结什么自己适不适合工作、有没有选对工作。工作遇到挫折的时候，也会有“老娘不干了”的念头，或者跟闺蜜吐槽这满腹的委屈。但是有了全职太太的体验……第二天我又乖乖地上班了。

至于职业选择，隔一段时间反思一下是应当的（Sheryl Sandberg 说是 18 个月）。但是每个月、每个星期乃至每一天都反思，是典型的“想太多”。尤其不要在遇到不顺的时候反思。想想看，很多情绪，真的跟我具体选择了什么职业有关吗？无论什么工作，都存在压力与负能量，都会诱发失控。想要工作下去，还是需要学会与那个失控姐和平共处。

慢慢地，我不再把那个失控姐当成敌人，不再一次次跟自己 PK 到筋疲力尽。我再也不埋怨自己，为什么有那么多的情绪。

我只是像对待流感一样对待那些情绪。我知道那些难受、抓狂、钻牛角尖，也许来势凶猛，但只是暂时的，随即就可以缓解，比如大哭、吐槽、看搞笑剧；也可以治愈，比如美食、网购、爬山；甚至还能预防，比如把内心训练得更强大——哪怕这是漫长的修行。

给十年后的我

文|花枝

亲爱的十年后的我：

确定写这封信给你花了不少的勇气。一方面你虽然是最熟悉的我，但是提笔时又好像是写给一个陌生的人一样，不知道该从何说起。另一方面也不知道十年后的我，是不是还好好儿地在这世界上活着，并看到这封信。

大概每个人心中都对自己有着或多或少的期盼，同时又为着不可预知的未来而变得惴惴不安；我也不能免俗地在猜想未来的各种可能而常常思潮起伏。在这样难得的一个安静夜晚，我这个先经历过人生旅途的“前辈”，想坦诚地给你写上几句真心话。

我相信你的未来是多姿多彩的。我寄望你能为社会做出贡献，同时能永远保持快乐自信。我不能预料将来的你会是怎么样的人，在做怎么样的事儿；只有在某几个关节点儿上，希望你能继续坚持并不断完善：

第一：Always be kind。或许你会比我遇到更多让你对善良怀疑和失望的时候，但是如果你还是愿意相信仁者无敌，你也不会斤斤计较自己所受过的委屈，改变自己的本性。

不知道你还记得不记得，你在出差的时候，遇过一个性情豪迈开朗的开车师傅。好几次混熟了以后，师傅就跟你讲他这几年接待不同客人的观察。他说有一次他接了一个团队去一家高档餐馆吃饭，其中一个男的下车以后，骄傲地用手指指着师傅脸上说：你自己去吃饭，然后在这儿等着。性情中人的师傅受不了这气，自己跑到这餐厅里面叫满了一桌的菜吃，让那男的看得目瞪口呆，后来出门才客客气气地问师傅怎么会有那么多的钱吃饭。直到那个时候，你才知道师傅家里有着好几套房产，钱一点都不愁花。后来你去了别的地方出差，师傅惦着你给你打电话，他听说你在支教组织工作过的经历，打算给你那个机构捐一笔钱帮助小朋友，感动得你一塌糊涂。当然，我相信你打从一开始不知道师傅的背景，也没有想过对别人好要换来什么回报，只是单纯地觉得待人和善不但带给别人也包括自己很大的愉悦而已。如果真要以利益角度计算的话，我还是会觉得保持善良的心是一门最快乐、最容易达到双赢的投资。

GE（通用）的传奇 CEO 杰克·韦尔奇（Jack Welsh）在 Kellogg（西北大学凯洛格商学院）演讲的时候讲过一个故事，他在 GE 还是一个年轻的经理的时候，有一次因为失误，引发了一场化学事故，把一个工厂破坏掉了。当时的他忐忑不安，在面见大老板之前已经做好被解雇的打算。不料大老板只是让他记着自己犯的过错，并没有说狠话或者是让他卷席走人。韦尔奇感受至深，跟自己暗暗承诺永远不会在失落的人面前把他拉下谷底。亲爱的十年后的我，请你不管遇上什么人和事，永远保持善良的心，你不会知道一个平凡的师傅可能有一天会变成你的贵人，也不会知道你的善良能够鼓舞了多少在低潮需要帮助的人。

第二，Stay hungry，stay foolish（求知若饥，虚心若愚）。听起来很 cliche（陈词滥调），但是却非常实用。咱们都是在物竞天择中脱颖而出的生物，靠的就是生存的欲望以及不断自我完善的毅力。就算只拿自家中国人去比较，历朝历代陨落的具体原因虽异，也不外乎是君主昏庸、朝臣久安而不思改进，没有及时听取人民的声音所致。所以说，从进化学的角度去看，我们应该不断完善自己，同时不断吸收学习新的知识，扩大自己的 comfort zone（意为“舒适区域”，更残酷一点说，就是克服一个火坑以后跳到另一个火坑）。听起来以跳火坑去换取生存有一点 counter-intuitive（反常识的），但是回想起最深刻的学习，不都是经历过来回的挣扎、反复的思考以及反复的实习而体会出来的吗？我相信现在的你比我经历更多，对这一点感受肯定更有体会。我给你这个提醒，是因为我慢慢地发现，年纪越大，包袱越重，以 innocent（无知的）的心态向新事物不耻下问往往需要更大的勇气。我们的内心都需要那一点点的不安分和厚脸皮推使我们前进；如果提早把自己 settle down（安静下来），我们也渐渐失去与时并进的基本条件。

第三，Now is present（活在当下）。比如在练习高温瑜伽的时候，一开始思绪还会不断地游离，但是到后来因为动作难度需要高度的集中力，慢慢不再想生活的烦心事，或者练习后去哪儿大吃一顿，或者教练的身材有多棒，只是心无旁骛、盯着一点把呼吸理顺，把腿一点一点地提高。一个小时后，整个人虽然大汗淋漓，内心却轻松淡定下来。这就是活在当下的重要性——它提醒着被过去困扰、为未来担忧的我们：亲爱的，人生不是一场短跑而是马拉松（“Life is not a sprint but a marathon.”），旅途很长，且行且珍惜吧！

在最近几年，我注意到爸妈已步入甲子之年，身体没有以前健康，渐生华发，开始在照顾者与被照顾者的角色之间换位。身边的另一半一直默默地支持我们追随理想，但是他（她）在这过程中的挣扎，我们却鲜有耳闻。在艰难时候并肩着走的朋友，也因为没有时间联系而日渐疏远。我们都有过那一霎间的内疚，但是很快又被四周的环境声音所包围埋没；我们都害怕导火线引发的那一天，但是却用“为了未来而牺牲现在”的借口来推搪逃避。于是，我们今天的许多决定使着日后每一次的告别都那么痛苦：告别本身固然让人伤感，但是当初能做但没做的后悔却让人加倍难受。

十年后的我，你可能已经是孩子的妈妈，是老爸老妈依赖着的女儿，是工作团队的中流砥柱。在责任越来越多的时候，希望你还能记得在练习高温瑜伽那满脸通红的样子：不管环境好坏，你知道什么才是最重要，就盯着这个目标行动起来。面对过去的羁绊，说一句“谢谢你让我成长”，然后甩一甩头发、挥一挥衣袖痛快转身；面对未来的担忧，跟自己的小心脏说“没事儿，现在做好就行”。不要因为不能掌握的事情而放弃珍惜现在、改变现在。

最后，我想给你分享一首你曾经很喜欢的流行曲，叫做《给十年后的我》，歌词有一段是这样的：

这十年来做过的事 / 能令你无悔骄傲吗 / 那时候你所相信的事 / 没有被动摇吧 / 软弱吗 / 你成熟了 / 不会失去格调吧 / 当初坚持还在吗 / 刀锋不会磨钝了吧 / 老练吗 / 你情愿变得聪明而不冲动吗 / 但变成步步停下三思 / 会累吗 / 快乐吗 / 你忘掉理想 / 只能忙于生活吗 / 别太迟 / 又十年后至想 / 快乐吗

祝变成更好的自己，现在的你上

后记（一诺）：这周是花枝妹妹在麦府的最后一周，不幸又被抓到我的项目上。秋天花枝就要告别麦府，去哈佛商学院读书了。所以在这周发她的这篇文章颇有些纪念意义。我应该比花枝妹妹大了十岁吧，所以一定程度上好像可以做收信人，读来很是受用，而且好像再过十年还是可以适用。所以自私地决定收了这锦囊，和花枝妹妹一起继续前行。

从麦肯锡到电影人

文|陈玲珍

序（一诺）：开始做“奴隶社会”以来，发现很多的读者都比我们年轻（我们是70后），有不少还是在校学生，90后甚至95后。这让我们臭美自己还不老之余，感慨梦想，选择这些题目的永恒性。

谈到“年轻”，当我还是初中生的时候，这篇文章的作者已经在麦肯锡工作了。而且一做就是17年。Ruby（就是文章作者）在17年里从台湾到北京，做了麦肯锡很多不同的职位，直至我们大中华区领导力学院的主任，继而去北大光华和中欧商学院负责EMBA的培训。不过最近，儿子早已北大毕业的她又一次转身，这一次，是出品电影。她的第一部作品已在大陆和台湾上映，短短一周已经领先华语票房。对电影选择像我一样有点“洁癖”的朋友，推荐去看。

1992年，因缘际会地进入麦肯锡公司时，我34岁。那是一个很多人梦想的工作环境，不过我当时单纯得只是想有个稍稍不一样的工作，在糊口之余，能有些额外的成就感与早起上班的动力。但没想到，从1993年开始就有各种难得的机会，以“军师”的姿态参与到中国飞速发展的经济世界；到了2009年最后以大中华区领导力中心主任身份离开麦肯锡时，我带走了无数意想不到的收获，难以在此细细计数，日后有机会再表。

工作17年后决定离开麦肯锡是艰难而深思熟虑的结果，我抱着打破藩篱，把管理知识与精英思维模式分享给更多民企和创业者的心，经历了北京大学光华管理学院高层经理教育中心主任与中欧国际工商学院高层经理培训部主任的职位。我始终相信绝大多数的人心存善念，梦想改变世界，只是没有正确的方法，或缺乏相关的知识，我的专业是把知识聚集起来，透过系统分享给有需要的人。

这也是 2006 年，我与蒋显斌和张钊维创办 CNEX 纪录片基金会的缘由。透过企业领袖改变社会，在麦肯锡，在管理学院，如此理念已然生根。但我始终相信知识的力量不该局限于 haves（富人），CNEX 帮助独立纪录片工作者完成作品，并将它们以近乎无偿的通过网络、高校与展演平台呈现给观众。打破社经地位的门槛，让这些当代的议题与思考成果，唾手可及于更多个体。

这也是为什么这次我出资担任电影《不能说的夏天》（台片名：《寒蝉效应》）出品人的原因。这部在两岸同时上映的片子，以一件校园性侵事件为切入口，展开的却是有权者对无权者的剥削、受害人的隐忍与身心折磨，而旁观的人们又该如何面对。

电影从来是我的最爱之一，不单纯是因为枕边人是电影人，事实上我们开始约会时还是高中生，电影陪伴我们成长，各种观影后的讨论甚至争论，是一种价值观和世界观的碰撞与形塑。他成为电影人是个美丽的意外，却也给了我运用理性融入感性的绝佳机会。

在麦肯锡，我们经常完成不可能的任务，而这份气质也经由 17 年的洗礼，牢牢附着在我身上。人性是复杂的，但是我一直相信人性本善，我不相信社会能对厦大教授侵害学生这般常年发生的事件视而不见，我也不相信女性在社会中无法团结。也许很多数据或现象或智者的箴言会告诉我们：多管闲事有害无利，然而我相信社会应该有自己的生命与呼唤，只是尚未被人听到，或是没有足够的能量去启动应有的改变，电影也许是一种形式的突破口。借用电影里的一句台词："改变不会容易，真相让人痛苦。但只要相信，我们就有机会做出改变。"这是一个机会，一部好电影可以让更多人看到，我邀请你和我一起相信。

一个老麦肯锡人的转身，纪录片的制作人也好，电影的出品人也罢，我始终看重的是我到底可以给其他人带来什么用处。

后记：Ruby是个特别有故事的人。我觉得她融合了台湾人的温润平和和北京人的幽默直爽。她做电影其实不是偶然，她的先生是台湾著名导演徐小明。电影《泰囧》最后那个王宝强和范冰冰见面的海滩场景，就是在他们北京的"家"里拍摄的。他们的"家"是北京的某仓库改造的，现在已然是北京著名的文化园区之一了。今后咱们期待Ruby给我们写写她和先生这么多年"台北人在北京"的故事。

试错试出真爱

文|简·潮

序（一诺）：这篇文章的作者简是我曾经在麦肯锡的同事。

她有好多让真伪文青都羡慕的经历——电影、时尚，这些文青们YY的东西，她都搞过。而且时尚是正在进行时。记得2008年麦肯锡北京年会，简刚刚加入公司，做了一个小电影，把我们同事的各种hidden talents（潜能）都发掘出来了。

我记得有一个镜头是我们的莉同学一身正装在嘉里中心外等出租，车来了，她一个侧手翻就到了车的另一边，一甩长发，上车；还有我们办公室里大家都爱的高姐，一身专业自行车打扮，一直“骑”到办公室。那电影选材精妙，剪辑流畅，看得我们目瞪口呆。

当时我就想这是哪方才女，有才情，有本事，做得这么抓眼抓心的片子。后来有幸简在我的项目上做项目经理，聪明能干自不必说，还把我们几个超级能干的“小朋友”教导得在项目上获得了突飞猛进的成长。如果以“在‘奴隶社会’发文率”作为标准，那当年我们这个团队绝对是名列第一的，其中唯一一个没发文章的，是一个说中文的德国小伙，毕竟人家母语不是中文，暂且不算addressable market（潜在市场），加上简的这篇文章，团队发文率达到了100%。

简的文笔干练，她也是我在麦肯锡的工作经历中遇见的最有女性美的一个，用什么优美的文字形容都不过分，真的。而且真正的美是内在的，是对生活的无畏和拥抱，是选择和放下的智慧，和在各种寒冷和黑暗里对爱和生活的永不放弃的追求。

简不久前订婚了，看着他们我都觉得幸福。

最近因为创业在恶补互联网营销知识，最常听到的一个词就是快速试错。我上周还在纠结品牌上线的几种方案，请教两位我很信任的做互联网的朋友，得到的都是一句话："别纠结了，你先试起来吧。"

但我这里想说的不是互联网营销和品牌定位。"试错"这个话题更多让我想起的是前不久在北京参加了一个女性论坛，近乎一半的问题都跟事业定位相关。比如："我很不喜欢现在的工作，但我也不知道自己喜欢做什么，怎么办呢？"

这是个很容易让很多人纠结的问题，我自己也不例外。总结一下，纠结模式如下。

1. 虽然不喜欢现在做的工作，但也不知道自己想做什么，而且好像也没什么兴趣爱好；

2. 都做了好几年了，转行风险很大，经济又不好，还是留下来吧；

3. 现在工作很忙，没时间看外面的机会，更没时间发现自己的喜好；

4. 喜欢的事都不能做职业的，不能挣钱；

5. 不确定喜欢的是不是自己擅长的。

"别纠结了，先试起来吧！"这句话用到事业定位的"试错"上，倒也是很切题。

我是个比较好奇和折腾的人，对事业看得又挺重，再加上一直固执地要做自己真心喜欢的事。所以在事业定位这件事情上拿自己做了十几年的试验。这里写个试验小结吧。

先简单介绍一下试验对象吧。我本科毕业后跨三大洲悲催地搬了

18 次家，博士毕业后（迄今 8 年）试了 7 个行业（影视、咨询、教育、餐饮、公益、医药、时尚）。我是个根正苗红的理科生（生物物理博士），读完博士本来应该继续做学术，可我却从美国回国进了北京电影学院进修导演摄像专业。折腾了近一年还是不喜欢，于是颇为狼狈地回美国做博士后。几个月后进了麦肯锡，同时在北京开了一家咖啡馆，之后加入了加州的一家公益基金会。

那现在呢？好莱坞结局应该是这样的——我在明媚的晨光里微笑着，找到了自己热爱的事业，成功幸福。那现实呢？好像还真挺好莱坞的，我定居到了自己最爱的湾区，在我非常喜欢的一家医药企业做自己热爱的药物研发管理，同时创业做首饰设计，正在建立首饰工作室和品牌，找到了自己的真爱。成功真的说不上，但开心和成就感还是不少的。

那这个试验过程如何呢？这试验期间真的不乏悲催期——更糟的是这些悲催还是自找的，所以有时更难忍。现在如果被问，重新来，还这么试错吗？我会答，真的还会，而且将来也还会一如既往地试错。不过也许以下几个方面可以做得更好一些（毕竟做了四年咨询，很难不提建议啊，尤其对自己）。

先想说“试错”中的“试”字。所谓试，就意味着未知和不确定性——这两项都是人产生恐惧的根源。

记得读博士后的那短短几个月，就一直勤勤恳恳地惶恐着。当时刚狼狈地从北京读完电影学院回到美国读博后，未来充满了不确定性。一直挺心高气傲的自己突然很羡慕很多人：羡慕在公司上班的人，羡慕一心一意喜欢做科研的人，还会羡慕生了宝宝早早在家带娃的。记得自己惶恐地投了无数简历，包括完全不适合自己的工作，结果当然悲剧，还要经历各种打击自尊的面试。每一次失败，就无数倍地将我内心对未知的恐惧扩大，而对未知的恐惧慢慢转化为我对自己的怀疑。于是我怀疑自己不应该浪费时间读博士，怀疑自己的理想不过是空想，怀疑自己的人生没有意义，怀疑信用卡的高利债还有为上电影学院借的朋友的钱自己还不上，惶恐父母的失望，惶恐见到有了工作和家庭的同学。

现在回想，那几个月不过是个短短的过渡段。就像建新楼前要拆旧房子，清场一样。可当时忙于恐慌，就是看不清这个阶段的临时性。只觉得整个世界乱七八糟（things are falling apart），而且好像会永远乱七八糟。

我们都是看着中国大大小小的施工工地长大的。施工工地混乱嘈杂，见多了，我们也就习惯了，因为我们知道，过一段时间就有个漂亮的新楼拔地而起。可是，如果我们第一次见施工工地而心中又没有蓝图，我们看到的会是飞扬的尘土，感觉随时会塌的架子，而且过了好几天也没看到什么进展！

施工工地有两个特点：第一是它的临时性；第二是它的决定性，施工质量决定未来竖立几十年的楼宇的质量。其实无论是我们主动试错（想放弃当前的工作）还是被动试错（被老板要求放弃当前的工作），这个过程都是拆了重建的过程。我们站在自己生活的这片工地，连个干净的落脚的地方都没有，充满了无序和对未来与未知的恐慌感。

这时候，我们最需要的是提醒自己，这个阶段不过是我们见到的无数工地之一，它的混乱是临时的，是为了更美好的有序和高度。相信了临时性，我们才可以把自己的精力从忧虑中解放出来，把它放在创造上。用自己的理性提醒自己，在这个阶段，我们如果能把更少的精力放在焦虑上，我们就会有更多的精力放在做事上，施工质量才会更高。

这个阶段，勇气和理性是极度重要的。有勇气，我们才可以少焦虑多做事。而勇气并不是无畏，真正的勇气是懂得如何用理性来调控自己的畏惧和负情绪。

再谈“试错”中的“错”字。多做多错、少做少错的道理我们都明白。试，就意味着会错。而，错，是非常难过的一关。我们如何面对自我的错呢？

我觉得首先得回到定义上。我们判断一个选择是对是错经常是看这个选择是否在近期直接满足了我们之所需。

此处，“近期”和“直接”是关键词。如果一个选择在一年后间接地给了我们巨大的收益，我们常常没有这个耐心和洞察力来做正确判断。我们的判断力过度强调短期性和直接性——这是有原因的。因为我们预知未来的能力和分析非直接关系的能力都真的非常有限。五年前让你想象你五年后的生活状态，会是你的现在吗？我五年前一定是想不到的，一年前都想不到。

而恰恰相反，我们的收获和成长大多数时候是长期和间接的，尤其是在职业选择这么大的论题上。所以结果就是我们刚开始一个新的尝试就开始对自己误判并严重打击，随之放弃，下次也不敢再试了。

记得读完电影学院，整个家当的一半是1000多张影碟。没有工作，而且连找工作的欲望都没有，既不想做学术也不想做电影。会抽着烟，开大音量听着重金属，在北京冬天寒冷的大街上边走边哭，因为觉得自己很愚蠢，为什么会想到搞电影这么不靠谱的事。去年分手后，一个人逃到安静寒冷的瑞士，完全听不懂德语，初期工作也不太适应，觉得自己的生活也进入了一个寒冬，事业和家庭一片白色茫茫，也怀疑过自己的选择是不是又错了。

现在回想起来，真希望能回去抱抱当年的自己，然后把这篇试验小结塞给自己——真的是误判自己了，就因为那些短期的外界的功利性标准而让自己陷入一个抑郁期，非常无谓。

自己选择的真的错了吗？在去电影学院之前，心里总有个嘶嘶声音干扰我：“你真的想做科研吗？多无聊啊？为什么不去拍电影做艺术？”在电影学院之后，我对搞艺术的理解又深了好几层，于是从进麦肯锡到去医药公司上班再到创业，都是铁了心的，因为觉得生活是我的选择。

心里很踏实，所以一步一步走得也挺踏实。也许你听了有些失望，这么折腾，就为了自我认知？但是内心的踏实，是生活的地基，有什么比地基更根本和重要的吗？所以有时我们的尝试不过是让自己对自己更了解，对错又从何谈起呢？更不用提艺术的修养对生活的滋润也不是用功利直接的标尺可以度量的，现在回想，觉得这一年让自己的生活精彩了很多。而现在做首饰品牌也和当年的经历有千丝万缕的联系。

在加州遇见我现在的未婚夫时，一见钟情的（诸多）原因之一是我们都在亚洲长大，在欧洲生活过，要在美国安家。我们欣赏彼此的多面性，理解彼此被不同的文化洗礼过的状态。

这许多的折腾，这其中很多以前定义的错误，到了今天，会是一笔财富，成为我们自我的一部分。我真的很爱自己现在的生活，跟成功跟金钱没有太大联系，而是因为过去的积累让生活有很多层面，让我跟很多有趣的新朋旧友有不同的话题可聊，因为我知道自己喜欢什么擅长什么，做起选择来比五年前容易了很多，对选择和决定也不那么焦虑了。

我们都应该给自己多一点时间，多一点耐心，多一点远见，多一点空间。很多错不过是经历，是财富和智慧在积累和形成中的表象。

所以，“别纠结了，先试起来吧！”很好玩的。

Part2

修炼之路

斯坦福 MBA：我学到了什么？

文|天空路

序（一诺）：这篇文章的作者天空路，是麦府才女中的才女。和我们这些学理工的不同，路妹妹当年是安徽省文科前三甲进北大，读的是英语文学。在我们的英语词汇主要靠考托考 G 突击的时候，路妹妹已在吟诗作赋了。而且路妹妹一路保持了学霸风范，北大就不必说了，后来在斯坦福大学读 MBA 时又顺便拿了 Arjay Miller Scholar（阿杰·米勒学者）称号，这项荣誉可是每年给成绩排名前 10% 的毕业生的。咱们一起来学习学霸在斯坦福大学读书时学到了什么。

我想先问读者诸君一个问题：

“What matters most to you？”（对你来说，究竟什么是最重要的？）

这问题听起来有点儿像哲学命题，很像北大新青年们在寝室夜聊、拷问灵魂时才会触碰的问题。可是所有的斯坦福 MBA 申请者都必须写作文老实回答，刹那间觉得斯坦福的大门上竟然刻着阿波罗神庙的铭文“Man，know thyself”（人啊，认识你自己），你不先大彻大悟一把，就门儿都进不去。

第一课：怀抱梦想，改变世界。

据说成功申请者的回答千奇百怪。从救助被恐怖主义和饥饿扼杀的乌干达儿童，到让海豚湾的海豚们不再哭泣，从根治外祖父的癌症，到钻过虫洞寻找美丽新世界……不管听起来多像堂吉·诃德，所有回答者都是认真的。被强烈的使命感驱动，他们不遗余力地燃烧着小宇宙，顺便改变了世界。斯坦福以此为标准，招到一批牛人，比如我们这届的学生有在非洲贫困地区挨家挨户卖卫生纸的（他希望能持续改善非洲农村的卫生环境），也有在全球德州扑克职业赛里拿冠军，一次就赢几千万而且连赢几年的（他时不时盘腿一坐，讲打扑克的技巧，现场算概率的时候特像《最强大脑》选手），有在NBA当球星的，有去好莱坞演电影的，也有为美国航天事业做贡献造出火星车的。

这些人就像一团团炽烈的火，不断发出光和热，让周围的人都忍不住激动一把。于是，我在深深怀疑斯坦福录取我是因为误会的同时，也学到斯坦福教给我的第一课：怀抱梦想，改变世界。三十年以后我们会退休，但那时我们还有三十年要活。有了真正在乎的事，男人永远是少年，女人永远是少女，战马嘶吼，热血沸腾，明天总是令人期待。

也许有头脑异常冷静、热爱逻辑甚过一切的同学（不，我没想到夏洛克·福尔摩斯或《星际迷航》的史波克）会认为我所说的第一课太过虚幻，毕竟两年烧掉一万多张印着毛主席头像的粉红纸片总是要学点“干货”的。没错，在斯坦福，我们学了Black Scholes（布莱克—斯克尔）的巴洛克风格期权定价模型，也学了Geoffrey A. Moore（杰弗里·穆尔）保龄球风格的“Crossing the Chasm”（论创新技术和产品如何从小众走向主流），还发现原来食堂里、草坪上、咖啡馆里坐着的不是未来的Steve Jobs（史蒂芬·乔布斯），就是Steve Jobs。但这并不是斯坦福教给我的第二课。

第二课：听起来依然水分十足，每个人都是人，人的决定都基于情感。

这还要从斯坦福最有名的那门课“Touchy Feely”（摸摸受受）

说起。这个色兮兮的名字是个昵称，课程原名是“Interpersonal Dynamics”（人际关系情商课）。其基本形式是：12个同学被分成一组，加上2个外来的辅导员，共14人，他们每周被关在同一个房间里度过7个小时，持续一学期。在每周的那7小时里，窗帘紧闭，室内发生的一切必须严格保密，连自己的男女朋友都不可以告诉——对！我们就是围成一圈坐着，面面相觑，没话找话说。

刚开始尴尬到度日如年，大家各怀心事，甚至有打算借此机会练口语的，可是后来气氛就变了，因为无论谁开口说了什么，其他人都必须尽量诚实地表达自己的真实态度——“我不喜欢你看问题的方式”，“我觉得你很傲慢”，“你刚刚是不是在搞种族歧视？”——于是矛盾、争吵、和解，羞愧、愤怒、感动，人类可能有的一切反应都在这个小小的房间里上演，而我们逃无可逃，必须面对。不管多烦躁，都必须冷静下来听他人说话，不管多委屈，都必须试图体谅他人的心情，否则关系会越来越僵，到最后争吵的本因已不重要，一切都是基于感情——而为了真正解决问题，就必须真正体谅对方的感情，并且清晰表达自己的，以求达成谅解——情商于是在痛苦的自我反省和沟通尝试中逐渐提升。

我们发现，在很多情况下，人是先根据强烈的情感和直觉做出决定，再用理智为这个决定想出符合逻辑的解释的。因此要解决问题，最关键的往往不是用逻辑，而是先真诚地去了解问题背后的情感原因。伴侣也好，CEO也罢，教父也好，教皇也罢，他们都是人，如果我们不变得更通情达理和善于聆听，在生活和工作中会处处碰壁。

第三课：不要有FOMO（Fear of Missing Out，“怕错过大家都在做的事”）。

身边实在有太多事同时发生了——小伙伴们正集体盛装飞去拉斯维加斯狂欢，小伙伴们正集体注资在德克萨斯扑克全球冠军身上，小伙伴们正集体去创业展结识硅谷的投资大佬，小伙伴们正集体竞选各个协会的领导职位——每件事都会帮你认识新的人，打造新的平台，带来无穷无尽的未来机遇，可是我并不对每件事都有兴趣。

于是我决定做自己，比如写故事，比如学日语，比如在很多同学去 PE 做实习生的时候，我跑去社交游戏公司 Zynga 做产品经理，比如在冬季组团南美旅游的时候，我去北半球零下三十度的冰岛看极光。我曾担心自己因此变成一个毫无存在感的路人甲，但斯坦福学生群体的宽容和自由氛围给了我尝试自己兴趣的机会，我依然交到了很好的朋友，遇到很多有趣的人。如何形容这段经历？在你离开人群、另辟蹊径的时候，你发现了自己的森林，里面有个美丽的蓝色湖泊，倒映着夜晚的繁星，而你的朋友们虽然身处别的草原，却依然惦记着你。

不过，我并不是说斯坦福是完美的——它身处硅谷圣地，遍地流淌着创业家的灵感和天使投资人的金钱，满天飞翔着私人小飞机和瑰丽的美国梦，这些都是真的——但它也像一个五颜六色的肥皂泡，漂亮但不持久。身在学校的时候，我不止一次听见这句话："We are the best."（我们是最棒的。）我们拿着案例描述，设想自己是故事主人公的那位 CEO，正在圣诞节前夜考虑如何裁掉整个部门以节约成本；我们对着笔记本，想象自己是华尔街的王牌投资经理，正在决策手中的巨资走向；我们端起香槟杯，围着那位侃侃而谈的 NGO 教母，跟她一起推演在当年那场飓风后，如何部署十分紧缺的救灾资源。

这一切都很有趣，因为在设想的刹那，大脑得到了锻炼，内心的权力欲也得到了满足，可是这一切并不真实。我们能够使用商学院带来的资源，不代表我们真的有资格和实力去拥有和驾驭它们。斯坦福只是个练兵场，一个集体梦想拥有世界的地方，而我们必须走出梦境，脚踏实地开辟自己的人生，就像刚从游戏的新手村毕业的玩家，比“赤身裸体，赤手空拳”只强那么一点点。

有人问我：“斯坦福 MBA 的学费那么贵，又把你的职业生涯推后了两年，值得吗？”这个问题很妙，因为“值得”到底是用金钱、职业升迁来界定，还是用别的“货币”来衡量，本身就没有定论。对我来说，“探索新事物”是我生存的原动力；我想活过 100 岁，因为只有这样我才能看到人类又发明了什么，动物的语言能否翻译，外星人有没有来过地球，多重宇宙是不是真的，明年的樱花会不会比今年的还要漂亮。用这样的“货币”来衡量，斯坦福之行非常值得，因为我在一个完全陌生的环境里过了一段彻底新鲜的生活，从一次次的反省和顿悟中，与很不完美的真实自己握手言欢。然而，我不认为读商学院是自我发现的唯一路径。如果只身去非洲大草原观察羚羊迁徙，或者进特种部队接受魔鬼训练，或者和志同道合的人一起成立个小公司，我都将获得成长。正所谓殊途同归。

小结一下，斯坦福 MBA 教给我三堂课：

1. 怀抱梦想，改变世界。永远热血就永远是少年，活到没牙时依然动力澎湃。

2. 每个人都是人，人的决定都基于情感，无论是面对伴侣还是面对客户，不要只谈逻辑，而要将心比心、理解万岁。

3. 做自己，不要担心离群，因为群体喜欢带来新意的个体，也因为我们没有自己想得那么重要。

同时，斯坦福并不完美。它只是个开始，它带给我们的成长，通过其他途径也能得到。

最后，我真的很好奇：

读者诸君，你有答案了么？对你来说，到底什么才是最重要的？

哈佛商学院学什么?

文|DY

经常被人问在商学院学到了些什么？其实，去之前不少朋友就劝我说不值得，一方面我本科就是学商的，那些财务知识啊、金融知识啊，本来就都学过；另一方面，传言商学院一半的学费价值在于找个白马王子把自己嫁了，显然这条对于随身携带老公一枚共赴美国的我来讲并不适用。每次被问到的时候，我总是半开玩笑地说，这是两年的假期，主要是用来到处玩的。玩笑归玩笑，看着每个月如期而至的贷款还款通知，我还是严肃地思考了一下这个问题。从申请伊始，学校经常“标榜”这两年是一个令人脱胎换骨的经历（transformative experience）。对我而言，这个转变的一半是一位教授贡献的，我就来写写他吧。

Juan（这个名字念“欢”不是“娟”）是我一年级时 FRC（财务报告与控制）课程的老师。那天一进教室，就看见一个白发苍苍的老头儿认真地在黑板上写板书，一开口，我就被他的西班牙英语怔住了，费了老大鼻子劲才算大概明白他在讲什么。实话说，Juan 不是典型的商学院教授，相较于早已习惯案例教学、英语说得倍儿溜、笑话一个接一个的典型哈佛商学院老师而言，他并不怎么擅长调动课堂气氛和掌控讨论。他第一堂课上就很直白地告诉我们他没有做过 CFO 和财务工作，所教的 FRC 课程很多内容他自己也不懂，需要跟我们共同学习。这一下就在 95 个 Type A 学生中炸开了锅——一个自己都不懂的老师来教我们，那还了得？有一次班会的时候，甚至有同学提问应该怎么称呼他，叫教授么？但他仅仅有一个高级讲师的抬头……

但很快，Juan 就用他的真诚和谦逊征服了我们。他记住了每个人的名字和特点；他会在课堂上离开讲台踱步到某个空位上坐下来听同学们发言；他和大家一起吃午饭、真诚地询问每个人是否学到了东西；他最引以为豪的就是效力了 37 年的银行对人力资源的重视，他与我们讨论员工应不应该是公司的资产；他美丽的太太是课堂的常客；他说你们对我是最重要的，你们要找我我总是有时间的；他还常说："I love you, guys!"

FRC 是一门很技术性的课，一堆会计知识，65 岁的 Juan 毕竟过了知天命的年龄，能把这样一门课悄无声息地变成人生哲理课是他的本事。很多案例的内容我已经记不得了，但我记得他跟我们说再好的内控系统，如果有人真心想要钻空子的话，也不是牢不可破的，所以要心存敬畏。他也跟我们说当你的事业蒸蒸日上的时候，你周围的每个人都觉得你是无所不能的上帝；你会飘飘然地忘了自己是谁，但记住，没有人会是上帝，要时刻警醒，要保证身边永远有对你开诚布公、忠言逆耳的人。

真正跟 Juan 熟识起来是在第一学期的课程结束之后。彼时，他已经不教课了，只是在校园里做访问学者。一月的某天我收到了 Juan 的一封邮件，邀请我去他办公室小坐，说是有关于我课堂表现的反馈。Juan 开门见山地跟我说我的毛病就是老是等到自己有一个很好的 point（观点）的时候才会举手发言。他认为这绝不能简单地归于性格上内向的偏好或者东西方文化上的差异，而是 leadership（领导力）上的硬伤。往小里说，如何在你打好全盘腹稿之前迅速加入讨论、回应别人的挑战是职场上的重要技能；往大里说，你不可能事事都计划妥当，人生总是要冒险的。短短十五分钟的会面，Juan 轻而易举地拆穿了我掩饰的骄傲，温柔而坚定地把我从自己的舒适圈里赶了出来。他对我说要 decipline（约束）自己，fake it until you make it（在驾轻就熟之前多多练习）。那之后，我有困惑有疑虑的时候就会去找 Juan，他从来不给我逃避的借口和轻飘飘的安慰，他总说这个的确很困难，但你可以。每一次谈话之后都感觉不容易，但都很温暖。

Juan 要离开学校的时候大家都非常不舍。我相信我不是唯一一个 Juan 用心对待的学生。班里的同学写了首歌给他，我们叫他 sweet Juan。他对人的那种发自内心的关怀和真诚是我在商学院学到的最好的领导力课程。这些言传身教在我离开学校之后的岁月里，每每品味，历久弥新!

生命在于折腾——猎头如是说

文|爱玛

因为职业的关系，常常会认识一些无论用什么标准判断都算得上成功的人。他们或出身名门，或起步贫寒，或天资聪颖，或勤奋过人，人人各不同、各有各精彩。有时候会想，到底是什么造就了成功？从幼儿园、小学、到中学、大学、工作……所谓分水岭到底是怎么出现的？四十岁时回头看，自己到底哪里做对了（或者错了！），才有了今天？和大家分享一下我的心得，除了个别运气特别好的，稀里糊涂就被推到了制高点，大多数所谓的成功者都有一个共同特点，那就是——不甘心、能折腾。

某天中午和一个新认识的朋友 Y 吃饭。他于 60 年代中期出生在某中部省份三线城市，努力考上外省的一所二类大学，算不得太好的学校，一气读了本科和硕士，而且是两个相关又不完全相同的专业。按说至此他的“分水岭”还没有出现。就在他的同学忙着给辅导员、系主任送礼，争取在二线城市留下来，找个铁饭碗安身立命的时候，Y 下定决心：第一，不参加毕业包分配；第二，几年后出国读书；第三，从技术起步，走向管理。

当时他只有 25 岁，甚至从未到过北上广。一番折腾以后，他选择去了广州，并在一年以后承包了厂里一块效益不太好的业务，又一年以后扭亏为盈。同时忙着申请欧洲和美国的学校。就在身边的小伙伴都羡慕他年纪轻轻就在富有的南方大都市做着工厂主的时候，他和爱人一起去了欧洲。之后的一切几乎如他所愿：读博、进跨国公司；生了两个孩子，用欧洲方式（放养着！）带大；虽有技术背景，但几年后却选择放弃了舒适的公司和日益驾轻就熟的岗位，转做管理；几年前公司决定开发中国市场的时候，他作为总部唯一的华裔高管，成了不二的选择。

来到中国以后，从买地、建厂、跑市场、做战略、搭团队，三年从无到有，他说自己过足了瘾。今天的他，做着自己喜欢的事，住在京郊的别墅区，每年两次雷打不动的全家度假，过着自己年轻时不曾想过的生活。我问他：当年的大学同学境遇如何？答：很多还在二线城市的国有企业或者政府部门小心翼翼地过活。

谁都巴不得安逸。不动脑筋地过日子很舒服，很简单，也是很多人的终极目标。很可悲的是，人生就是一条抛物线，经过短暂的上升期以后，几乎毕生的轨迹都是自然向下的。所以，除非你努力，否则你会每况愈下；而且，年纪越大，下得越快。富二代除外。年轻的时候太舒服，几乎注定平庸。所以在我看来，人生就是一个不断地把自己从自然向下的抛物线上向上拉扯的过程。如果你现在不到30岁，你对现状很满意，你觉得生活舒适、万事俱备，或者你有些小抱怨，但不足以令你做出剧烈的改变。那么，糟糕了，因为，你已经不想折腾了。

折腾不等于规划。我其实并不赞同太过精细地规划人生。因为第一，计划永远赶不上变化，规划基本属于浪费时间；第二，与其不断制订与修正计划，不如随时抱着折腾的心态，准备好在机会来敲门的时候会判断并抓住它。这听起来有点玄，做起来其实不难。

再说一个朋友B。B在香港一个很普通的家庭长大，从小和父母、姐姐四个人住在一个18平方米的屋子里。姐姐比他大四岁，在他很小的时候就被灌输了“读书改变命运”的观点。B念公立学校，有些小聪明，读书很不错。少年时候的他并不知道自己想做什么，只是好好读着书。他知道家里很难负担他出国留学，便从十来岁就留意奖学金的机会，终于如愿拿了政府的资助去英国读了高中，后来去了牛津，进了麦肯锡。

本来这条路走下去是几乎可见的光鲜，可是B想去非洲，帮助那里的人生存、发展。我们一块儿做项目的时候，他问我们的梦想是什么，我们几个一时语塞。他说，我想去非洲，怎么帮他们我不知道，怎么去我更不知道，但我可以慢慢来。他并没有规划什么，但他从未停止折腾：他利用不多的休息时间学法语（非洲很多法语国家）、做公益活动、争取上NGO（非政府组织）的项目……

然后忽然有一天，他说，也许我可以去读个硕士呢？公共政治。后来我在瑞士日内瓦的联合国大学见到他，那时他正准备去东非实习。现在B已经在非洲待了几年，游说各种捐款、审核当地人的项目建议书、放款给他们做项目。生活自是很清贫，但能在三十岁就过着自己梦想的生活，这种幸运几人能有？我猜他看不到这篇东西，可是他怀抱理想的各种折腾，我想我会记得很久。

和大家分享几个猎头常被人问到的问题。

问：我这份工作特别没劲，但钱还不错，也不特累。该不该动？怎么动？

答：你男的女的？几岁？如果你还年轻，折腾得动，那我劝你赶紧想办法。精彩人生必须有多于一个的支柱，可以是幸福家庭、甜蜜爱情或特有激情的兴趣爱好，当然，还有工作。缺了哪一个都会特别没意思！幸福家庭和甜蜜爱情可遇不可求；也不是每个人都热衷铁人三项的运动或者有收藏名表的爱好；但找个自己喜欢的工作，这个基本上是最可控的。先好好想想自己喜欢干什么，又顺便能有收入养家糊口的。不破不立，鸡肋的工作（尤其是那些钱还不错的工作），早一点破了的好。现在这点儿小钱，别心疼。我从24岁的时候就常对自己说，机会比钱更值钱，就是这个意思。

问：现在外面机会挺多的，多跳跳槽，会不会涨工资涨得快点儿？

答：千万别！最保险的搞花自己简历的方法，就是频繁跳槽。很多高管见到每两年跳一次槽的简历，基本直接pass掉。年轻的时候换工作，可以说是没想明白要啥，但这并不是我所说的折腾。可如果想了十年还没有想明白，要么说明你思考能力十分有限，要么你真的没耐性沉下心去做一件事。也许你靠两年换三次工作成功地把工资翻了一番，但几乎可以确定的是，这个翻番的代价是你职业生涯后半段的艰难。另外，所有因为且仅因为高薪跳的槽，都会让钱蒙蔽你的双眼、影响你的判断。所以，目光放得长远些，想想这一步对自己的履历到底是福还是祸？在猎头满天飞的今天，换一份工作不难；难的是好好地守住一份工作，做出点成绩，而不是见好就跑。

问：我从大学时期就想过出国读书。如今都毕业几年，还没有动。到底要不要出国？读什么？

答：一般来说，出国读书、生活是个好主意，因为这段宝贵的经历可以：（1）帮助你丰富人生阅历（这个比什么都值钱！）；（2）如果读到好的学校，可以帮助你建立一生受用的关系网，拿到敲门砖找到好的工作机会（比如麦肯锡，校招基本是在美国商学院，也就是那十来所好学校）；（3）给你更多的选择，毕业以后留在国外工作或者回国。

出国很好，但一要尽可能地读好的学校，二要找有趣的地方，比如热闹的纽约、阳光的加州、学院派的波士顿，毕竟是要生活两年甚至更久的地方。有的小朋友说好学校都太贵，我说只要借得到钱，多贵都不贵。好的学校两年的学费，只要能找到一份好的工作，挣个两三年就能回本儿了。读什么就见仁见智了，前提是自己喜欢的专业，找工作这事儿不能太功利，学什么的都能找到好工作。所以不在学什么，而在学到什么。

问：什么样的简历叫好简历？

答：这得看情况。毕业生求职，简单干净有亮点的简历最好。用人单位筛简历的时候平均看每一份简历不会超过二十秒，一眼扫过去看不到亮点，那基本就结束了。所以有好学校、好公司的经历要突出，每一段工作经历的主要成绩要言简意赅写明白。不超过一页纸，不小于10磅字。和高端猎头打交道的简历，就丰富得多了，页数多一些完全没问题，但逻辑要清楚、时间轴一定得整明白了。每一份工作的主要职责和成就分开列明，包括业务规模、团队大小，等等。再说一次，频繁跳槽的简历无论如何不会太好看，写得再漂亮也没用，唯一能做的，就是简要写明离开的原因。“不喜欢了”当然不是个好原因，家庭原因搬家就好得多（前提是真是这样）。

问：我错过了最近一次升职，很生气，决定走。这无可厚非吧？

答：生气无可厚非，特别是当你真的理应得到这次升职的时候。我见过不少早年有成的人，年纪轻轻已经身居要职。他们都是一路顺风顺水过来的，每次都是提前升职。这当然很好，但他们中的大多数人在30出头就觉得啥都见过，没有奔头了。然后就是长长的迷茫：接下来干什么呢？他们往往因为太过年轻，在别的机构得不到信任，所以只能在原地踏步多年，很是惆怅。同一个级别、同样的成就，一个人31岁，一个人51岁，你觉得哪个的生活更精彩？我说：“不一定！”31岁的坐着火箭上来的，很刺激、很骄傲，但是也许没来得及想过这里是不是目的地；51的走了很多弯路，但是积累了宝贵的人生阅历，一路看了许多风景。只要好好过，不管做什么的时间，都不会被浪费。所以，升职晚个一年半载，特别是在你退休的时候回想起来，其实真的没那么要紧。只是，这个做起来的确不容易。

问：女生也要折腾吗？还是男女有别？

答：大家一想到折腾就会觉得是男的，事实也不全是这样。折腾的方式和时间点可能不同，但折腾的心态，男女无差。女人要做妈妈，需要相对稳定的职业，这个不假。但生孩子养孩子也就几年的时间，以这个为借口不折腾，对不起自己。我见过很多能折腾的女性，同时也是很棒的妈妈。折腾是一种心态，是不甘心看得到的未来而努力做些什么去改变可见的轨迹，可以是去学语言，或者读书充电，甚至去旅行开阔视野以及做些课外工余的公益活动，这种折腾，男女通用。

今年看了一场李宗盛的演唱会，主题是“既然青春留不住”，大爱。是的，既然青春留不住，就可着劲儿地折腾吧。折腾不是换工作、不是搬家、不是随心所欲为所欲为（至少不只是这些）；折腾于我看来，是一颗不安于现状、不断向上向好的心。所以折腾吧，你也可以！

职场“宝宝”的大问题

文|zz

感谢一诺给咱布置的命题作文，让我有机会把入职以来的困惑和问题罗列梳理，做一些比发微博更系统的表达。同时也给茫茫人海中有同样感触或者是经历过此类感触的朋友们抛个砖头。

本人大学毕业后就加入麦府，从未在其他公司正经工作过。这样的职业路径被人们称作“麦宝宝”，刚入了社会自己没吃过猪肉，只见过猪跑。工作已然快两年，工作强度不小，一天当两天过的浓缩时间表把青涩的菜鸟历练成了小油条。在这个人生转折的节点上，常常需要在某些困惑和问题里挣扎一下。最近在看一本叫《大问题》的书，在这里也以问题的形式把这些困惑提出来，有的问题我想随着年龄增长会自然“不惑”，有些我曾经有答案，但是经常摇摆不定，有些我依然没有答案或者是接地气的建议，也许永远不会有。但我依然珍视这一追索过程本身。

问题一：意义的追寻——我们工作为了什么，人生的意义何在?

工作生活开启了另一种模式，微观上没有了校园里那般的行动自由，但宏观上却有很多设计生活路径的可能。在工作中我们决定自己每天在哪里或做什么的权力很小，但是我们选择什么样的工作的可能性却很多。我们从小到大第一次拿起大刷子做大选择，在人生的图画上勾勒主要的构架。

无论什么工作，总有低落时刻，让人开始质疑我为何要将自己置于此般境地，生活是否该在别处。归根结底的问题是："我应该要追寻什么？人生的意义到底是什么？"要是有一个好神仙能给一套标准答案就好了。有很多场景特别适合触发此类思考，比如夜晚的出租车上，看着车窗外不夜的城市，晚风肆意溜进来；比如站在天桥上望着万家灯火和滚滚车流；比如要好的同事或者尊敬的前辈的离职临别；比如一瞬间看见同辈人过着的很不同的其他生活。

这样的质疑，工作意义的消解，是会让人觉得自己特别辛苦的终极武器，比熬夜工作、领导批评要有更强大的杀伤力。任何困难尚可提一口气点一盏灯与之对抗，然而假如你突然觉得自己像个堂吉·诃德，挥舞着剑冲上去的前方并不是一个怪兽，而是一个大风车。那可真是瞬间卸掉了你所有的斗志。

我没有很长的人生经历，妄自从理论框架上想象和总结下，这样的追寻过程大抵有三种结局。第一，放弃治疗型，管它什么意义，沉浸当下，该吃吃，该喝喝，布衣暖，菜根香，打出生活本身就是意义的大旗，努力升职、理财、买房、结婚、生子、教育小孩培养爱好，经历生活里的小幸福和小辛苦。第二，功成圆满型，清楚地知道自己想帮助世界实现什么或者是自己想得到什么并为之努力，做着常人觉得太难或者太辛苦的事情。第三，摇摆纠结型，不甘心一生平淡度过，觉得一辈子就这样一眼望到底的感觉很可怕，但又觉得简单人世烟火似乎也很幸福。想要壮阔山河，也留恋平湖烟雨。

关于意义，人类历史上顶尖的头脑们给出的答案指引五花八门。让人困惑摇摆不定。我想我至今也依然没有形成一套能够保证一致性的人生观。比如说曾经一度，我以为幸福快乐是所有种种的终极目标，开心就好。可是当我看到一个简单的问题，说有一间快乐屋，它有一个设备可以通过触动你的神经让你持续体验种种不同的快乐，永不止歇，进去的人都不愿意从里面出来回到现实世界，只想在里面永远体验无所事事而终老。你愿意进去吗？惊讶地发现自己的答案是否定的。

那么一定是有些别的什么，让我愿意去承担有机生命体验里的酸味、苦味。我没有答案，但正如前文所说，我觉得不该害怕思考完一个问题却找不到答案，对于接下来怎么做没有指导意义，便否定这一追索过程本身。

问题二：理想主义与现实世界——为什么我时常感到挫折，感觉世界恶意满满?

现实世界并不是完美的，并不是按照我们希望的或者最优的方式运转的，这是一句听上去什么也没说的废话。可是在现实生活中有多少的愤怒和挫折感，是来源于内心的最深处并没有接受这个简单朴素的事实。

我们在学校里接受的各种理想主义光环的熏陶教育，我们希望努力有结果，我们希望每一个人被公平地对待，我们希望每个人都对自己的事情负责，我们希望世界有效，秩序井然。当在现实世界里遇到不符合期待的事实的时候，我们都知道哭泣谩骂诅咒黑暗绝非好的方法。然而要真正做到心平气和地理解现实，接受现实，并在一己所能及的范围做出建设性的影响，最后还依然在心底里支撑着理想主义的一小片天空，需要很强大的执行力和信念力量。

此处并不是一副世人皆浊我独醒的姿态，我相信很多人依然支撑着这份情怀。我也觉得在别人眼中我常常是那妥协的、不作为的一分子。更多时候我们是被自己所处的立场、自己知道的世界所局限。或者是在明知的情况下发现个体的努力影响甚微，不得不对现实做出一定妥协。

进了公司被标签为文艺女青年，最开始这让我很莫名。在园子里的时候，我想我的学识阅历和真正的文艺青年比起来，最多也只能算是沾得上个文艺兴趣者。时间久了也懒得辩解，觉得努力在兵荒马乱的工作生活之外尽力保持着文学、艺术、哲学等事物的滋养的积极意义影响深远。时常在更宏观的层面上给自己反思，在对世界的理性解读之外，在自己与世界的关系中保留一个不能够完全被逻辑解释的，更微妙、更难以言说的维度。政经大势精益运营之外，天地有大美，万物有巧趣，人心如大海神秘。

我不知道岁月会将我带到哪里去，我希望理想主义与人文情怀不会被岁月的冲刷带走。努力让眼中的日常生活不是琐屑的日复一日。世界细节之处破碎不完美，我需要对它有无保留的信念。希望有朝一日可以做到“既不像孩子一样害怕这个世界，也不像道学家一样在道德上排斥和否定这个世界。而是学会平静地看待这个世界，学会热爱命运”，“如歌咏，如祈愿，为这绝非完美但是值得付出的人类和生命”。

问题三：未知与清晰——为什么前方如此迷茫不可预知，我的人生什么时候才能安定下来?

年轻的人生就是和前方未知感紧紧相连。这种不确定性让人恐慌，却也展望着无数的可能性的期待，妙不可言。想来很多人并不享受这种美妙的期待，受不了这种不确定性的恐慌，选择了速速迈入踏实稳定的路径中，一切似乎变得可以妥妥地规划了。

而如果暂时不想太早设定好人生的全部风景，如何去享受前方这片不可知呢？记得看过一句记不得原话的句子，大意是说，在人生的规划上，“眼前可见的机会，靠计划；眼前不可见的事情，靠想象；连想象都想象不到的事情，靠相信”。想想也是，现在的我大概是十年前的我想象也想象不到的。所以我想如果说年轻的人生就是置身于一团浓雾，那么所能做的，就是规划好伸手可见的事情，准备并想象隐约可见的事情，近乎盲目地相信不可见的那一片区域有更广阔的风景。待到守得云开见月明的时刻，回顾曾经对于迷茫的恐惧，也是别有一番滋味吧。

很多朋友倒是有着随遇而安的自得心态，让我颇为羡慕（外国友人居多）。做着颇为有趣的事情，被问及下一步的打算，很安然地说不知道，先探索一下再说。他们对于“年轻”的人生阶段定义得很长。这种对于长远未来的乐观的耐心，和沉浸在当下的怡然自得，一直是我努力学习的方向。

问题四：自我定位之不卑不亢——我是谁？我的经验尚浅，人们会认可我相信我吗？还有哪些人不如我吗？

工作中时常需要与资历丰富、年长的前辈打交道，需要与不可一世、事不关己高高挂起的难相处的人打交道，也需要与各种不同背景、形形色色的人打交道。不卑不亢，又是四个简单朴素的字，拿捏起恰到的分寸来真是难上加难。

不卑，不仅是来源于相信自己的价值，更重要的是不期待所有的人都会相信并赞同你的价值。曾经我不敢选择立场，喜欢只是总结陈述事实，被追问“so what”（结论）的时候觉得没有一方的论据强大到可以把另一方的论据完全压倒。有些人会不屑地说你知道的信息不够，做出的决策也是不靠谱。但是反思一下，给定决策的时间窗口并不长，没有时间穷尽事实的情况下，即使整个人类所知有限，有些决策还是要基于有限的所知做出，需要有人拍板并为之负责，世界才能继续运转。很多变革没有办法推动，也是因为在一个庞大成熟有序的机器下，没有一个螺丝钉有权利或是有责任拍板并为之负责。后来我意识到不敢选择立场根本上还是因为这样的陈述事实姿态对于自己更安全，没有立场就不会被挑战。选择立场需要有勇气面对批评、不屑和鄙视。但是没有立场也就没有产业链上更高的价值，理清楚事实容易，有观点难，捍卫观点难。陈述事实脑子清楚的人都能做到，有勇气选择立场并为之负责，才更加需要力量。

不亢，不仅是表面的礼貌和尊重，更多的是有耐心去尽力理解与自己思维方式不同、背景不同学识不同的人。这有的时候比不卑还要难，尤其是在自己被严格要求习惯的时候，就习惯性地用类似的标尺去衡量周边的人，哪怕他们不该被同样的标尺衡量。如何取得平衡，一方面希望与各色人等打成一片，充分尊重理解他们的思维，另一方面还是清楚觉得自己不想最终变成这样的人，担心自己定力不够在交友时要紧紧抱住小宇宙类似的人以防自己跑偏。这一上一下的心态平衡点还要多多练习。

问题五：处理自己的情绪——我如何才能在高强度压力大的节奏下依然温柔对待世界?

工作经常会让人探索自己的边界——体力的边界，情绪的边界。尤其当周围人的情绪激动的时候，如何依然保持理性和善意，是个很大的挑战。我已经被认为是比较淡定了，但是依然在被推到边界的时候说过很多任性的话，有过不理性的处理事情的方式，或者是放任自己的消极情绪影响了关系亲密的人的心情。

努力调整的同时也要对自己有耐心，人大概都需要时间的历练来驾驭自己内心里的小魔鬼，更多的处境历练才能让我们慢慢知道如何更好地与自己相处，如何在发怒或是哭一场后更好地安慰自己，给自己煮一碗心灵鸡汤，继续应对凛冽寒风。我想现在的我已经比两年前的我有更多的丰富经验来应对自己的情绪波动，仿佛哈利·波特又遇见伏地魔一样默契。

而这样的情绪有时候也如大自然的天敌一样促使我们更加强大，更有担当。我们多么希望逆风如解意，容易莫摧残。但是我们也心知，比起太多人的人生经历，我们已经几乎是一马平川。在未来不管哪条人生路的种种磕绊中，这风也许只是温和的预演。所以归根结底：what doesn't kills you makes you stronger（人总在逆境中成长），有着伤春悲秋的精力不如着手做一些具体的改善生活的事项。由逐渐打理好自己的生活，到为周围的人支撑起一片天空。

竟然话痨一样写了这么多字。总之，毕业到职场之后，我们常常回过头去无比怀念青春。校园无限美好，而现在的人生阶段，有些熟悉感和经验之后，也开始散发它的魅力芬芳。开始真正地去看这个世界有多大多丰富，也开始真正策划一些自己对它的影响。不仅旁观着这个时代，也跃跃欲试地参与到这个时代。最终绝大部分的人都是时代洪流里的尘埃，但是在个体层面上我们也逐渐有更强大的能力把自己的生命体验经营得有滋有味，并逐渐学着成为可靠的支点。我相信最好的时光，才刚刚开始。

后记（一诺）：开始认识zz，是她在我们的一个项目上做PTA，就是干杂活的小朋友。说来这也是咨询公司里非常“居高临下”的一种“职位”，把名牌大学里最优秀的小朋友招来“干杂活”。但就像任何一个工作一样，再普通的工作，有心的人也会把它做得不一样。zz就是这样一个有心的小姑娘。这篇文章读完，我对zz的“有心”的欣赏和佩服又进了一个层次。她问自己的这些问题，何止是对职场宝宝啊。其实大多数人都在“放弃治疗”和“纠结摇摆”之间纠结摇摆，向着“功成圆满”的目标和方向缓缓行进。所幸的是在这条路上有很多zz这样的同路人，所以就像她说的：我相信最好的时光，才刚刚开始。

从药学院到特斯拉——90后的“试错”

文|兰启昌

最近从新闻业离开，写了一篇文章《未曾见黄金时代，不悔这五年青春》，后来一诺告诉我，她的妈妈转发了文章，并配上热情洋溢的赞语，接着一诺说：写写90后这一代人吧。

真有90后这回事吗？多数时候，媒体报道以及大佬的话语，只是营销噱头。世界上没有一模一样的树叶，更别提用年代来划分人了。开始时我有一些疑虑。

仔细考虑后，想法产生变化。时代不同，历经相差甚远的经济环境，接受不一样的教育，社会思潮和精神风貌变化万千,一代人确实有独特风貌。格拉德威尔在《异类》中写比尔·盖茨和乔布斯是同一代人：他们生于技术革命萌芽年代，有幸在少时接触最前沿科技，又赶上资本青睐IT业的好时机，种种机缘巧合，成就一番伟业。

然而，要概述一代人仍然极为困难。谁能描摹一座正在喷发的火山呢？许多90后仍在校园，部分90后正迈入职业生涯，少数90后已爆得大名，大量90后仍纠结迷茫。环境日益开放，选择更加多元，让这一代人，面临前所未有的分化，命运在年轻时就呈现出痕迹鲜明的分野。

写作是一种个人叙事，我只能从自身及朋友身上，探究90后这一代人和其他人之间，究竟产生了何种不同。

20多岁的年轻人，真正重要的命题只有三个：认清自我与世界的关系，寻找值得全情投入的领域，在爱与被爱中使心智成熟。

“对待生命你不妨大胆冒险一点，因为好歹你要失去它。”

经济条件、文化土壤、社会习俗、时代背景，种种因素叠加会决定一代人的基本精神面貌。一百年前，梁启超感叹这是几千年老大帝国，一百年后，古旧文化的因袭以及教育落后，使这片土地依然未完全脱离愚昧面貌。然后，最大的不同在于，这个国家，第一次有一代人，以一种完全不同的姿态和面貌，登上时代航船，他们的大脑经受了文明新风的吹洗，他们开始反思被灌输的种种观念是否正确，他们严肃地探寻应该如何过一生。

在中国社会，父权和家族一直是核心的社会维持力量，在此之下，个人生活空间难免受到种种限制。在社会新闻里我们见到太多父母逼迫小孩的事件，诸如“父母皆祸害”等小组的出现，其实是一种旗帜鲜明的反抗，这种反抗或许有些过火，但并不过分。90后这一代人，渴望不受父母限制自由地恋爱，敢于按照自己的意愿去选择工作与生活。

古往今来，权力是中国社会的核心。90后对此没那么感冒。我们藐视旧有权威，对一切走上神坛的事物怀有嘲讽；我们会在上网受挫时开一些关于方校长的玩笑；我们会在春晚的伟光正歌舞出现时在朋友圈吐槽。许多90后在上大学后，获得了前所未有的信息，开始重新审视自身所受教育，把狼奶吐出，让自己做一个思维健全的正常人。有独立思考能力的年轻人正日渐增多，他们或参与各种NGO，表达态度；或对严肃高大全的事物表达嘲讽，进行消解；他们或者心知肚明，开始冷笑看一些拙劣的表演。

最为重要的是，他们开始根据自己的喜好和天赋，不断尝试新事物，着力拓展生命的疆界，当未知世界出现在眼前时，以一种崭新姿态勇敢面对。

“一个人生命中最大的幸运，莫过于在他人生途中，即年富力强时发现自己生活的使命。”

高中毕业时，因为自主招生进入复旦药学院。那个暑假，我在网上反复搜索“如何在复旦转专业”。彼时我就意识到自己并不适合药学。比不适合更重要的一个问题是：你到底适合什么？

入学后，我参加了很多社团组织，试图发现自己的兴趣。一个学期后，找到了目标——新闻系。这是从 1929 年创办后就从未停止过授课的新闻系，在全国所有大学中仅此一家，它还有“复旦新闻馆，天下记者家”之称，更重要的是，那种通过交谈、发现、研究去逐渐逼近世界真相的感觉让人迷恋。大多数人生活在自己的生活圈子中，需要有人告诉他们世界正在发生什么，正如李普曼所归纳：“我们以由表及里、由近及远的探求为己任，去推敲、去归纳、去想象和推测内部正在发生的事情。我们所做的只是每个主权公民应该做的事情，只不过普通人没有时间和兴趣来做罢了。”

从药学院转入新闻系后，我开始在媒体实习，第一份实习在《财经》杂志法治组，那是国内最强大的调查报道团队。在泛利大厦 19 层，我试图去理解时代繁华表象下的不堪和危险，仅仅是短暂的一瞥就让我产生极大的震撼，实习结束后，名为《理解世界的复杂性并试图超越》的实习报告发表在南方传媒研究上。从那时候开始，关于新闻业的瑰丽想象在脑海中结束了，我更深入地理解了专业媒体在当下环境中的困难与无奈，也开始重新对未来进行规划。

在此后的时间里，我先后去咨询公司、房地产公司实习，这些尝试并没有将我带上其中任何一条职业道路，但我却从中收获良多。在尚有资本去探究兴趣的年纪，为了安稳和规避风险过早地定下方向，是一件危险的事情。

毕业后第一年，在财新传媒做经营，开始理解商业到底是怎样一回事，日渐懂得情怀和商业是两套逻辑，一个组织需要盈利和想象空间，而新闻业的黄金时代在中国尚未到来，就已然过去了。我渴望参与到更激动人心的事业中，见证新兴的事物如何跟随时代潮流肆意滋长，在疯狂和失序并存的大浪中，一个年轻人会获得在不确定年代里最为稀缺的智慧和经验——如何坚守本心且因时而变。

最近我加入了特斯拉中国传播部门。巴菲特说2030年人类将全面进入电动车社会，因为电动车拥有汽油车所不具备的节能、零排放、高效率等多种优势，它能促进人类实现可持续交通。特斯拉在这个行业中发挥着引领作用，它的远景和使命都激动人心。更何况，环顾四周，还能找到比Elon musk（埃隆·马斯克）更酷的CEO吗？他说“I want to die on Mars”的那一刻让人热血沸腾。目前特斯拉不论是在美国还是在中国，都处于创业阶段，仍然是“baby company”，我们已经看到未来的模样，但要让未来真正发生，需要走过一条漫长而遍布荆棘的道路。能有机会经历征程，于我是一件幸运的事。

如何选择长久投身的领域呢？我认为有三个标准：

1. 行业和公司朝气蓬勃，拥有发挥才干的空间，如此方能更好地锻炼自己；

2. 工作内容和技能、兴趣较为匹配，它和你过往的经验有关，但也必须形成新挑战；

3. 上司和同事是你欣赏的人，因为工作环境和文化能很大程度地决定工作质量。

茨威格在《人类群星闪耀时》中说：“一个人生命中最大的幸运，莫过于在他人生途中，即年富力强时发现自己生活的使命。”他用这句话来描述做出巨大成就之人的共同特征。所以，对于90后来说，一时迷惘非常正常，因为在年轻时就认定使命的人寥若晨星。无论现在处在怎样的位置，做怎样的工作，在抬头寻找方向的同时，低头把事情干好同样重要。我越来越相信：在不同领域之间存在许多共通性，如果在某一个领域做到顶尖，很有可能你也能把其他事情干好。

“爱是亘古长明的灯塔，它定睛望着风暴，却不为所动。”

90后这一代人，大多数是独生子女，在体贴他人、理解他人想法、进行妥协等方面，其实所知甚少。爱情是最好的学校。在一段亲密关系中，试着体会不同个体间的思维和行为差异，理解他、她经历了怎样的故事才成为如今模样，花费心力去让对方感受到爱意，袒露真心，是极佳的修炼过程。

即使两个人最后并没有步入婚姻，也能从共同度过的岁月中获得滋养，就像一棵树苗，经过爱与暖意的灌溉，也承受着暴风雨的袭击，成长为挺拔的大树，即使最终要独自面对凄风冷雨，也会目光温柔信心坚定。

我很欣喜地发现，我们这一代人很少会说“女人就应该怎样”之类的话。在媒体的报道中，从朋友的故事里，我看到越来越多丰富多彩的女性出现并大放光彩，她们不是男性的附庸，拥有事业与追求，她们的存在是女性主义不言自明的宣言。女性越精彩，男性越有力量，良好社会是彼此成就。

这一代人，在两性关系上拥有愈加开放的空间，也面临比以往更多的诱惑与考验。但我依然相信莎士比亚所说：“爱是亘古长明的灯塔，它定睛望着风暴，却不为所动。”

如何拥有美好爱情呢？圣经的这一段话被反复引用，因为它总结得太过精炼：爱是恒久忍耐，又有恩慈；爱是不嫉妒，爱是不自夸，不张狂，不做害羞的事，不求自己的益处，不轻易发怒，不计算人的恶，不喜欢不义，只喜欢真理；凡事包容，凡事相信，凡事盼望，凡事忍耐。爱是永不止息。

站在此刻，眺望曾经的自己，深知内心已发生沧海桑田般的变化，但仍有一些信念依旧未变，如同我在20岁生日时写下的志向：无论时代有多光明与黑暗，我希望自己能成为一个内心丰富、精神自由、身有长物的人，值得被爱并勇敢给予，并对世界的美好与软弱永不失去感知。

生于此时此地的90后，期许更加自由开放的社会，希冀更多有信有力有爱的同行者共此征程。新时代已然出现在清晨的海面，是时候让一代新人登上舞台了。

后记（一诺）：我和华章是70后，光看数字，不得不觉得自己和90后有“代沟”。不过看启昌的文章，有深深的共鸣。悄悄地说，看完给自己徒增了很多信心和安全感——看来90后和我们，在内心深处是一样的啊。岁月的增长无法改变，但让我们“变老”的，不是年岁的增长，是放弃对本心的探寻，是放弃生活的热情和梦想。所以不管你身份证上出生日期是啥，如果你看了文章也有共鸣，恭喜你，你也还年轻！

人生价值的实现，是贯穿我们一生的主题。我们的很多传统和教育，倾向于把这种价值外化——变成专业、职业，和各种可以标签化的社会角色。其实这不仅是中国的问题，美国也是一样，好莱坞电影《美国丽人》（*American Beauty*）讲的就是这件事情。启昌我真的很欣赏和钦佩，他的经历，如果世俗一点，可以做“职业规划”的案例。但我不觉得他从药学院到财新到特斯拉是因为他职业规划做得好，而是因为他从来没有放弃对自己本心的拷问，并为此付出了最大程度的努力。我不知道以后启昌会做什么，不过肯定会一如既往地有趣和有意义。

了解自己——你的圆心在哪里?

文|一诺

《为什么要有梦》这篇文章在“奴隶社会”发表以后，收到很多朋友的评论。其中一位苗苗给我们留言说得好：“梦想的标杆还是内生的比较好，外在的都不是自己的。”这个我很同意，所以梦想的根基是认识自己。但认识自己这个题目大得吓人，古今中外哲学文学心理学都在搞这个问题，我们作为凡人其实一辈子到头可能也不能真正搞明白“我是谁”这个问题。

为什么还是想写写这个题目呢？先给大家说说我听过的一个很有意思的洋段子：一群有精神追求的人们明白了人生的目的无外乎Enlightenment（就是我们说的“得道”吧），但也明白这个可能不是今世能够完成的，所以在修行一段时间后，他们去找佛祖想知道他们什么时候能够“Enlighten”。

第一个人走到佛祖面前问：我什么时候能得道啊。佛祖把手放到他头上一摸，说，还要再有18辈子。他很失望地叹了一口气，走了。

第二个人上去，问：我什么时候能得道啊。佛祖把手放到他头上一摸，说，还要169辈子。他很失望地叹了一口气，走了。

第三个人上去，问：我什么时候能得道啊。佛祖把手放到他头上一摸，说，还要2368辈子。他大松了一口气，很兴奋地说：啊！太好了！这说明我早晚还是可以得道的啊！（So I will been lightened after all!）

之所以想写这个命题，是因为我哼哧哼哧活了三十多年，发现自己终于修成了“第三种人”。明白了“了解自我”是一个无休止的过程，不管现在在哪儿，有多少反复，坚信每天会比前一天多 Enlighten 一点。

这篇文章只是我在这条路上自己的一些感悟，这得益于麦府在 2013 年的一个非常“非典型”的培训——不是任何知识、技能或技巧，而是关于灵魂和人性。说得比较玄乎，不过所有的麦府培训，都在或深或浅地讨论和“人”有关的问题，毕竟任何商业战略和执行的背后，都是人。所以不深入地懂人就不能成为好的“business leader”。在这条探索的路上，女性比男性更为内省，所以从这个角度讲，女性其实在商业世界有很多先天的优势。当然，女性也面对很多实际的困难和系统的问题，也许以后我们可以聊聊关于女性领导力的话题。

这个感悟，就是了解下图里这个圆所代表的自己。

圆的最外面一层是标签化的自己、外化的自己。这是大家耳熟能详的各种我们对人的描述——和职业相关的，就是 ×× 学校毕业，×× 职业，在什么公司干什么工作，年薪多少。我们很多少年时对梦想的定义，经常都是成为某种“Persona”。在职业之外也有各种标签——比方说“女汉子”、“学霸”，等等，林林总总。我们很多日常的社会活动和人际关系，其实都是在这个层面。不过这没什么不正常，你要是见了谁都谈人生谈理想，那就“唐僧”了。而且就像闪闪所说

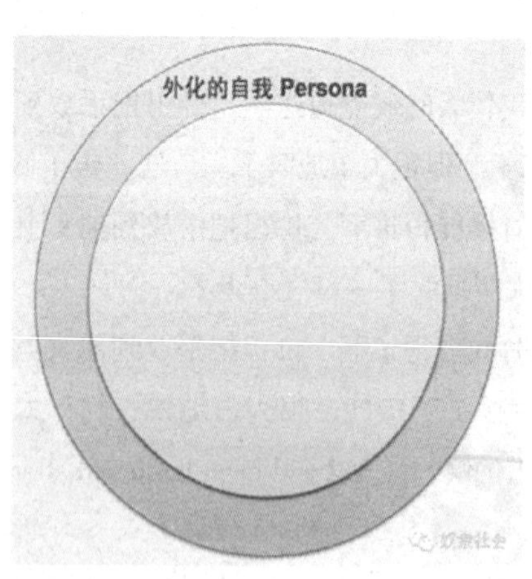

的，我们生活中每天都要做各种大大小小的选择，“标签”有些时候有助于我们做出快速有效的选择。但是我们对自己的认识，如果停留在外化自我的层面，就有些可怕了。为什么说可怕，因为这个层面的自我不会给人带来持久的幸福感。经常有人说现在的中国人不快乐，我觉得把自己生活的终极目的变成了追求某种外化自我是重要的原因之一。

外化自我的下面，是一对非常矛盾的存在，外面一层是 Critic，或者说是批评家，就是我们脑子里总有的那个“你不行”的声音。它本身就很矛盾，因为一方面它是那个扯后腿的——总说你这不行，那个不可以。另一方面呢，它的存在是为了保护你，保护什么？保护你的“Wound”，就是受过的伤，也就是里面的一层。举个比较肤浅的例子，你小时候可能长得胖，因此经常受到嘲笑——这就是一个“伤害”，由于这个伤害，你内心的批评家就会总说：“你不美，不要去追求外在的美，别去展示，别去让别人伤害你。”这可能就导致你的外化自我是一个鄙视外表的“女汉子”的形象。当然更多的伤害和批评家其实是更“深刻”一些的，比方说由于成长过程中家庭关系的不完整而留下“我无关紧要，我是多余的”的伤害而导致有一个批评家是“你不够好，不会有人因为你是谁而真正喜欢你”，而这带来的一个外化自我可能就是一个希望取悦别人的人，要不停地去证明自己，习惯于用别人的眼光来定义自己。

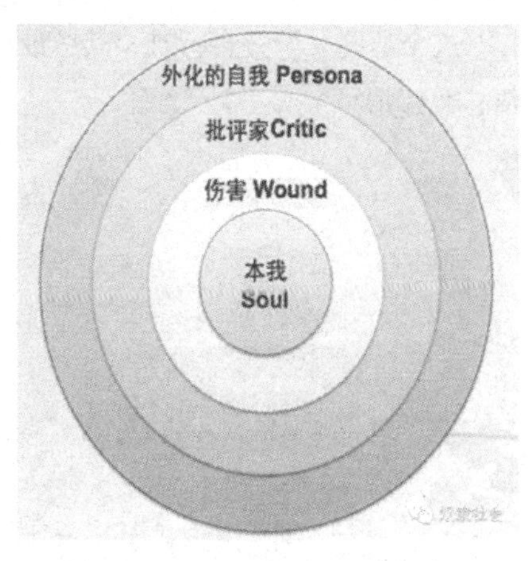

这个圆心呢，就是本我

或者灵魂。这是最重要、最需要探求的，却又最难用语言描述的东西。理解和接近它最好的方法就是“艺术”，特别是画画。所以我们说艺术是灵魂的表达。还用上面的例子，第一个胖姑娘的“本我”可能充满了对美的感知和热爱，所以她的那个鄙视外表的外化自我会让她很不快乐。第二个例子里的“本我”可能充满了对爱的感知和渴求，所以如果“外化的我”能不断让她去感受爱，她可能会是最幸福的。

这几个同心圆，放在一起看，是对我们自我的一个看似简单却又全面而深刻的表达。这其中其实隐藏了快乐生活的巨大的“秘密”。这就是：如果要得到真正的个人内心的快乐，有两段必经之路，一是自外向里，能够透过 Persona 去看自己的 Critic 和 Wound，进而能够触摸到自己的本我，能做到这一点已经是很不容易了。但真正的快乐来自于第二段路，就是自里向外，让外化的自己，变成自己灵魂的延伸。看到了这两段路，你就会理解：

“The secret to personal and professional happiness，is for your persona to be congruent with your soul。”意即：幸福的密码，就在于外化的自我和本我的同一。

这个“同一”知易行难，其中最难的是触摸到自己的圆心。你的圆心在哪儿?

面试的学问——八年面官经验谈（一）

文|一诺

昨天和一个小朋友通电话，她提到自己在美国找工作半年多，拿到N多面试，但是没有一个转化成offer。

回想自己从2006年就开始在公司面试申请者，从美国到中国，这些年加起来也面了好几百人，世界各地的人都有，什么奇葩都见过，也见过不乏令我敬佩的申请者。而且各个阶段的人都有——从大学毕业生，到MBA，博士/博士后，创业者，到40岁开外的行业专家。所以虽然在很多方面咱不敢称专家，在面试方面，我发现自己的确是个有多年经验的国际复合型人才！

面试多了，感觉好像看了很多浓缩版的人生，所以这回把自己的经验体会写写，希望对朋友们有所借鉴。不过首先要声明一下——本文纯属个人体会和观点，和麦肯锡或麦肯锡的申请和面试过程无关。

先谈谈如何理解面试。

也许是咱们中国教育的问题吧，大家总有把面试当考试的倾向——从“试”这个字就看出来了。

当然面试的确有“考”的一方面，就是“技术”层面的面试，这里指的是广义的技术，就是你有几把刷子。这是面试的第一个层面，就是看你能不能胜任这份工作。其实如果你拿到了面试的邀请，就说明在技术层面你的潜在雇主认为你已经基本满足要求了，至少在纸面上是。所以在技术层面的面试，说得难听一点，主要是看看你有没有吹牛撒谎——就是你的专业知识、相关素养和能力与你简历上吹的是不是一致，是否能胜任这份工作。关于技术层面的准备不属于本文讨论的范围。如果说有个指导思想，那就是简历要实事求是，别吹牛撒谎，也别妄自菲薄。另外好好了解一下雇主对“技术”层面的要求，做相应的准备。

面试的第二个层面，是在第一个前提满足后，雇主看你是不是真的愿意做这份工作，是否会热爱这份工作。你可能说：这不废话吗，不愿意做我为什么申请啊。但很多申请人其实自己也没想清楚自己想干什么，投简历的时候都有撒大网捕鱼的心态，捞一条算一条。这心态没啥错，俺当年也这样，但关键在于，一旦你拿到一个公司的面试，这种心态就得改变，你再把这当成撞运气撒网捕鱼，那鱼肯定绕着你走。当然有些小朋友本来申请一些工作就是为了体会一下面试或看看这公司啥样，拿到 offer 也不打算去，这不属于俺要讨论的范围。另外多说一句，每年各种公司面试，也都知道有这种申请者存在，面试你最终是在浪费公司的资源和时间，但大部分公司也不是想不开，把这当市场费用而已。

回来说面试的第二个层面，面试到了这一步，就有意思了，有点像谈恋爱，前面是撒网捕鱼，然后突然发现心仪的姑娘或小伙也给你抛媚眼儿了，如果 Ta 也是你想追的（刚才说了，只想在情场练手不想投入真感情的不在讨论范围），就要让人家明白你真的想追，也就是前面说的，你会热爱这份工作。如何证明呢？其实和世间的很多事一样，就是无招胜有招，说到底最重要的是要真实和真诚。就像如果你真的喜欢一个姑娘或小伙，那该干些啥一般会无师自通（当然很多人也不够通）。对一份工作如果你真的想做，这份真实和真诚一样重要。别以为这很容易，现代社会的一个重要问题就是大家有太多伪装，从我们的学校教育就开始了，这最可怕的后果是装到自己都不知道什么是真的什么是装的。人对真实自我的探求和认知是个大题目，我们以后也可以多谈。

但这里咱们也先停留在技术层面，如何显示你对这份工作感兴趣、有热情？其实说起来也不难，就是搞清楚一些基本的问题：这个行业是怎样的，影响这个行业发展的趋势是什么，你申请的这家公司的行业地位和趋势是怎样的，你申请的公司的历史和核心价值观是怎样的，你申请的这个部门是怎么回事，有什么历史，以后可能有什么发展计划，等等。如果这是上市公司，很多东西是可以通过读公司的年报了解的，如果很多信息不公开，也可以通过各种网上或线下的渠道去了解。了解这些并不完全是为了在面试的时候显示给面试官看，其实很多公司自己的 HR 部门或初级一点的面官对这些“基本”事实也没那么清楚，所以给他们吹牛并不难。这核心的作用是让你自己比较完全和深入地了解这份工作或职业，就好像充分去了解你心仪的姑娘小伙，看除了表面的吸引，这个人和你到底合不合适，在这个基础上才能有真正热爱这份工作的可能性。

这里讲讲我自己的经历。我读博士的时候，其实是铁了心要毕业在美国做教授的，当时的想法有点像和“教授”这个角色的单相思。为什么？因为觉得“教授”这个角色高富帅啊——首先，我们中国传统文化里对读书人的尊重，觉得要是我做了教授，是一件多么风光的事，父母脸上增光，自己有一天也能“衣锦还乡”，光宗耀祖。另外我自己还是比较“好为人师”的——喜欢给别人传道授业解惑，觉得自己在这方面有些天赋。所以这不是很适合我的职业吗？还有，就是简单地觉得学校里和学术界比较干净简单（其实我那时候除了学校也没在别的环境混过，所以这也只是臆想），比较适合偶这种人。所以我的单相思异常坚定，也开始准备申请。想想那时候我很幸运，正好 UCLA 在我博士第三年的时候开了一门再对头不过的选修课，叫“How to be a Professor”（如何做教授）。既然准备献身了，就去上了，这一上大开眼界，受益匪浅，虽然结果完全和选这门课的初衷相反——我决定不和高富帅玩儿了，但在这个课上知道了教授到底是咋回事，这里不展开讲了——总之知道了自己的很多简单臆想和事实差了十万八千里，所以这个职业道路不是自己想要的。

当然对一个行业的了解，也是随着自己的阅历不断深入的，不管多努力，有时候也不可能在进入之前就有那么全面深入的了解。不过这也无大碍，至少设定一些对自己重要的基本条件，看这个职业是不是符合，这样在大的判断上不会出现明显的偏差，如果这是你想要的工作，你在面试的时候也就会真实地流露出对这份工作的热情与热爱。

总结以上两个层面，第一个就是所谓的“skill”（能力），第二个是所谓的“will”（意愿）。所以我们说最好的人才是 will 和 skill 都高；但是如果两个人的 skill 都满足，那雇主肯定是选择 will 高的。

但是这两点都够，也不一定就能拿到 offer——面试还有第三个层面，说起来很虚，但是往往最后起决定作用，那就是“感觉”对不对。

“感觉”是什么东西？怎么准备？另外如何在面试中处理自己的优势和劣势？我前面说到面试就是呈现一个浓缩的人生，到底如何呈现这个浓缩版？请看下一篇。

面试的学问——八年面官经验谈（二）

文|一诺

上一篇谈到了面试的前两个层面，就是看你能不能胜任这份工作，和你会不会热爱这份工作。我们说到最终起决定作用的其实是“感觉”这玄而又玄的东西。

现在就讲讲这第三个层面——在面试中的“感觉”是个什么东西？怎么准备？

所谓的感觉，其实就是回到了人的非理性的一面。非理性这个东西是很强大的，其实我们的很多决定都是靠非理性做的，很多书都在讲这个问题，面试也一样，一旦前两项打钩了，非理性就大摇大摆地出来了。

在招人这件事上，“感觉”简单地说就是看以后我和我的同事愿不愿意和你这个人共事。在咨询业常用的一个比喻是：如果我和你一起困在机场十个小时，我是不是可以“忍受”你的陪伴。这又扯到谈恋爱，太像了是吧。王小波貌似说过，谈恋爱就是两个人说一些无聊话，做一些无聊事，但两个人都不觉得无聊。所以如果是和恋人共困机场十个小时那岂不太幸福了，肯定不烦的。

你可能说，这太虚了，谁知道面试官是什么人、今天心情怎样、喜不喜欢我这盘菜。而且话说回来了，就算你愿意，我还不一定愿意陪你呢。不过这后一条咱暂且不表。上面说了，现在的前提是你心仪人家，要追求人家，所以哪怕这个面试官本人不能让你提起情绪，你也要把 Ta 当作你心仪的这个组织的优秀代表去好好追求。

所以问题就在于，如果不是恋人，这十个小时咋熬呢？其实也简单，无非三个要求：

1. 你不讨人嫌；

2. 你是个靠谱的人；

3. 你是个有趣的人。

先说说第一条，不讨人嫌。这说起来比较基本，但实际上大部分讨人嫌的人是不自知的，而且囿于社会的种种礼节，一般人嫌你也不会直接告诉你，以后不理你就完了。在面试过程中如何不讨人嫌呢？我直白地说说我个人的标准。当然你如果觉得你要在这个容纳多样性的社会里标新立异，那随便你。

第一要注重个人卫生。脸上脖子上整得干干净净的，眼屎要擦，脖子上别发黑；头发要洗，别搞得一头头皮屑；手指甲要剪，特别是男生，长指甲的男生我最受不了；男生要刮胡子。还有非常重要的，别有长鼻毛往外髭哈！面试之前如果你一定要吃东西，一定在面试开始前照个镜子，牙上别留个菜叶面包渣啥的。衣服整得干干净净平平整整的，特别是男生的衬衣领子。如果你身上或者嘴里由于各种生理原因有味儿，找个亲近的人给你闻一下（这个人一定得很爱你，不是你妈就是你的老公老婆，但又不能太爱你，觉得你的臭味都是香的，肯定不行！所以这个不容易呢）。哎呀，这些够基本的了吧！不过很少有面试书告诉你这些东西，所以你读到这儿应该庆幸你看到了金玉良言！

第二是得体，面试要穿正装，表示你对这个工作的尊重。正装不一定贵，但要合体。爆料一下我当年面试的时候，正装是找实验室的韩国美眉借的。那时候读博士，每天在实验室泡着，谁穿正装，博士答辩一件衬衣而已。再说买一套差不多的正装要 200 多美元，俺那时候还没有信心这投资会有回报。

第三，尽量少装饰。男生不要一头胶，你要是实在头发长，就剪剪吧。女生不要化浓妆，戴过分的首饰，衬衣扣别开太低。另外不要带假眼镜（只有框的那种）。有一次一个面试者戴了这么个东西，我面试里大部分时间都在琢磨那个东西有没有镜片儿——对，俺是凡人，也非理性！他的面试结果大家可以想象。延伸一下，如果你真戴眼镜，也别搞个框特夸张的，那些留着周末派对用吧。男生就更不能戴首饰了，特别是别戴那种夸张的大戒指（结婚戒指除外）。如果女生带手包，最好别整个上万的名牌儿包，如果你遇上我这样的，首先俺可能不认识你那高大上的牌子，如果认识，那你只能留下坏印象。背这么个包，还找啥工作？总之指导原则是朴实低调，稍有装饰可以，但不能扎眼。

第二条，靠谱，这个就有些技术含量了。

靠谱，说白了就是你这个人可信任。信任你也可以说是个很虚的东西，不过有大牛总结过一个公式，关于信任是如何建立的，俺当年看到的时候觉得醍醐灌顶，给大家分享一下。公式是分子三项相乘，一个分母：

信任＝Credibility（懂行、有料）×Reliability（可靠、说到做到）×Intimacy（亲密感）/ Self-Orientation（从自己利益考虑）

看明白了吧，就是如果要被人信任，无非上面这四件事儿，前三个越多信任越大，最后一个越少信任越大。这个在面试里怎么体现呢？详见后续。

面试的学问——八年面官经验谈（三）

文|一诺

上次说了，靠谱说到底就是觉得你这个人可信任。这里简单谈谈如果你是一个靠谱的人（这是个重要的前提，你要不靠谱，自己一边儿提高修养去），在面试过程中怎么让人觉得你“靠谱”。

我们先温习下第二篇提到的那个信任公式：

信任＝Credibility（懂行、有料 ×Reliability（可靠、说到做到）×Intimacy（亲密感）/ Self-Orientation（从自己利益考虑）

下面逐一说说公式中的这四件事：

Credibility（能干、有料）：其实就是咱们第一层里讲的你有没有那几把刷子，能胜任这份工作，所以这里不废话了。

Reliability（可靠、说到做到）：也是个日久见人心的东西。这里扯远一点，Reliability 其实是女人看男人的核心素质，特别是要一起过日子的男人。女生们同意吧？不过这个属于必要非充分条件，还有 N 多其他要求，啥要求咱们以后慢慢说。

在面试短短的时间里怎么体现这个日久见人心的东西呢？简单答案是——体现不了！不过有一些“表征”可以给人一些你这个人是不是“Reliable”的推论——对，这个也非理性。这些表征无非有几条，一是别迟到，你再牛，觉得自己长得再美，面试的时候都不能迟到，基本原则！第二个就是有问必答，别躲躲闪闪，要小聪明，如果不会或不知道，就直说，反正你不知道了，那至少让人觉得你“Reliable”

吧。当然简历如果有什么经历能反映你这个特点，在被问到的时候（注意，一定是被问到的时候，或有合适的契机的时候），也可以讲，但别自己上来就吹，因为如果自己吹就把上面公式里的分母搞大了，明白了吧？

这个分母（Self-Orientation）就是啥事都从自己角度考虑，而不是考虑别人。这就让人觉得不可信任。在面试里这怎么体现呢？举个我自己的例子，俺最近几年生了仨娃（老三再有不到两周就出来啦），所以有一些面试是大着肚子做的，虽然俺不娇气，但如果一个面试者来了见了大肚婆说几句得体的话，咱还是会感觉比较温暖的，会觉得你这个人比较会考虑别人。当然这个和面试者的阅历有关，大学男生看到个中年孕妇可能头都不敢抬，也可以理解，所以不强求。

虽然大家在面试中遇到孕妇的几率的确不大，但面试见到的都是活人是吧——活人就可能有各种情况，有情况就是机会，是你展示一下你会为别人考虑的机会。举个几率大一点的例子，你的面官可能看起来比较累，特别是那种集中面试的日子，Ta 可能看到你的时候已经处在半迷糊的状态了。看到这么个不提情绪的面官，很多面试者的第一反应是——哎哟，我怎么这么倒霉，这大哥脑子还转吗？这不会影响我面试吧？我这个苦孩子……然后你啥表现？就是强压住内心的痛苦，硬着头皮上，嗓门放大，抓住 Ta 的注意力，勇往直前！这是啥思维和行为模式？对啊，多典型的 Self-Orientation？只考虑自己啊！你要是看明白了，该怎么做？首先心里要承认和面对这个事实——面官很累，然后不肉麻地表达你注意到了，如果 Ta 没有表达累得做不了这个面试的意思，就谢谢人家在这种情况下面试你。然后再进入正题，这一下起点就不一样了。

和大肚婆说话以及和面官嘘寒问暖这两个例子，其实也涉及 Intimacy（亲密感）。如何同陌生人建立亲密感，表面上看和一个人的性格有关（咱都认识一些自来熟的人是吧），但更和一个人的阅历和深度有关。有些性格不温不火的人，如果会交流，也可以给人很高的亲密感。亲密感不是表面上的热乎劲儿，是一种和别人在深层次上连接和交流的能力，所以也是这四项里面难度最大的，它最终决定了信任的层次。举个俗一点儿的例子，我们常说闺蜜，其实闺蜜的关系中最重要的是这个“蜜”——也就是一种深层次上的亲密感，所以为什么闺蜜之间的信任最牢不可破，愈久弥坚。

在面试里要做到“亲密感”，特别是大老爷们儿，可能看到这个词儿都头大。那我给你几个可操作的建议——好歹面试就这么短，死不了。

第一，要面带微笑，目光直视，但也别盯着人看，总之要和面试官有语言之外的交流，带给人一种温暖的感觉。鉴于我见过的奇葩比较多，强烈建议大家面试之前自己对着镜子练练，因为有些人的微笑和直视给人带来的是毛骨悚然的感觉。这里又要找个爱你的人给你看看（又得把你妈或老公老婆请出来了），但又要告诉他们不能丧失客观标准——不容易。

第二，纠正一个非常非常重要的误解，建立亲密感不是要窥探别人的情感隐私（大老爷们儿头大主要是这个原因是吧），最容易操作的其实是自己裸奔，英文讲“show vulnerability”，就是显示自己不是钢铁侠、女汉子、展示一下真实的，比较弱的自己。在面试里，有机会的时候，不仅说自己干了啥，也说说当时为什么这么做，就是把自己那些所谓的“心路历程”讲给别人听。不要长篇大论，但要真实真诚。特别如果能讲讲自己不怎么光辉的历史，这一招有秒杀面官的潜力。但我只是说有潜力，没实力别乱用。另外如果面试官给你分享一些她／他的经历，你也在时间允许的情况下多问一句当初为什么这么做。这个不仅有助于亲密感，还有助于减少分母，因为这显示你对别人也真正地感兴趣。

讲了感觉层面的第二条“靠谱”或者“可信任”。其实还有最高境界的第三条——“有趣”，这就要求更高了，这功夫完全在面试外了。在面试中如何体现呢？我在多年的面试经历里，还是遇到了很多有趣和无趣的人。下一篇再和大家分享“有趣”这个最有趣的话题。

如何做个“有趣”的人——八年面官经验谈（四）

文|一诺

写上一篇面试经验谈的时候，闺女还在肚子里，后来她提前一周出来了。孩子顺产，文章就难产了。所以中间间隔了这么多天，感谢大家的耐心等待。

上次说到面试里最“有趣”的是怎么证明你是个“有趣”的人。有趣这件事，功夫全在面试外了。而且说实话，做“有趣的人”这件事，和面试没有关系，是让你自己活得有意思的事。面试只是一个展示的机会而已，所以这篇文章讲一讲我这些年做面官见过的一些有故事的人，他们能让你在短短的十几分钟里，觉得能从他们身上学到很多东西，能做到这一点，你也算能“秒杀”面官了。

苦难。

第一个是在美国的时候见到的一个黑人小朋友。这么多年下来，他始终是我印象最深刻的一个面试者。他简历很优秀，英国读的本科，说话慢条斯理，但有点奇怪的口音。在谈到自己遇到过的困难的时候，他说，我讲讲我上学的经历吧。闹半天他是非洲人，一家都是难民。高中毕业的时候，他已经是他们家好几辈子所有认识的人里面学历最高的了，不过他就是想上大学。但他所在的国家没有啥好大学，他四处打听知道英国的有些学校可以给奖学金，他就开始给这些学校用能找到的纸和铅笔写信（其实那时候电邮已经很普及了），说他想申请，然后贴邮票寄出去。写了好几十封信，后来有六个回信了，最终拿到了两个 offer，还有奖学金！

以为故事结束了吧？其实刚开始——他很兴奋，觉得可以去了，但要签证啊，费劲九牛二虎之力搞明白了签证是咋回事，才知道原来先要有护照——要不签证签哪儿。于是他去排队办护照，早晨一大早去，排到下班都没排到那个大铁门儿，这么折腾了三天。第四天他天不亮就去了，在大门口和卫兵套了半天瓷儿，才知道要给贿赂才能排得到，问了问，要 40 美元，这可把他一家人给难坏了。后来他又天不亮跑去办护照的地儿，拿着录取通知给人家求情，那边大概也觉得这个十七八岁的小伙子不容易，终于把“费用”降到 20 美元。但 20 美元他们家也没有啊。这时候他老爸说，那咱们厚着脸皮借吧。他和他爸于是出去磨嘴皮子，把难民营里能借的钱都借到了，凑够了 20 美元，终于把护照办了。然后他又去办签证，买机票……如此种种，都是一个在难民营长大的小伙子自己整明白的。后来到英国，他做的头一件事就是把这 20 美元还了。

我记得那时候我坐在那儿听，觉得和他相比自己遇到的所谓困难都弱爆了，很多咱们觉得理所应当的事情，对有些人都是天大的困难。所以不要把自己拥有的东西都想当然。

富二代。

几年后，我又遇到了一个很有意思的、几乎恰恰相反的例子。这位是一个含着金汤匙出生的人，他老爹有很大的产业，他从小就在各个发达国家上各种私立学校，后来去了美国最牛的商学院之一。我纳闷这种环境下长大，有啥不顺心的事儿呢？他说其实自己很痛苦，现在商学院毕业，看到很多机会，但都不能去做。我问为什么？他说老爸的计划是让他毕业后几年就回去接班的。所以他现在折腾点事儿，如果成了吧，那他就没必要回去接班了；如果不成，那回去接班在公司管理层那里就没威信——成或不成对他们家的产业都不是什么好事儿。因此他面临的是一种似乎拥有天下却又一无所有的痛苦。我记得听着他的故事，才重新发现人最宝贵的财富之一就是自己作决定的自由。从这个角度说，那个难民营的小伙子要比他富有和幸福。

梦想。

第三个让我印象深刻的人是我一个清华同系的师妹。我没有面试过她，但是每次见她都被她感染。她有梦想，肯付出，在博士毕业后参与创业公司，还积极地参加和组织在硅谷这边的各种活动。她有激情，但又平稳、踏实，每次和她交流都很舒服。中间她怀孕，但没想到孩子不到 28 周就早产，在 NICU（新生儿重症监护室）住了三个月。我自己有孩子，很难想象一个新妈妈每天去 NICU 看生死未卜的孩子所要忍受的煎熬。后来孩子终于渡过了难关，再和她谈起来这事她还是带着那种平稳的幸福，而且最难得的是她一直没有放弃对自己梦想的追求。她后来在美国这边面试，因为“语言问题”在最后一轮没有拿到 offer。我很为她惋惜。关于中国人在美国找工作，语言问题是经常遇到的“困难”，或者“借口”。在下一篇文章中我们再聊聊在面试中如何处理自己的“劣势”的问题。

设计。

和师妹相反的例子也有很多。说实在的，面试中遇到的大部分人没有这么有趣。最近几年在美国面试，遇到越来越多小留学生——在美国上一流的私立高中、一流的大学。很多这种孩子有出色的简历，但可能是一切来得太容易，或者说都是父母精心设计出来的（很多这种孩子上学期间是全职妈妈在美国这边一直陪读，爸爸在国内）。见面之后你会发现他们的眼睛里没有光芒——那种出自内心的对一件事情或一个职业的热情和兴趣。我记得比较奇葩的一个例子是一个小女生，家里有背景，简历也很丰富多彩，双学位，还有很多爱好，但一见面让人很提不起精神来。我问她你学这么多课，还有各种爱好，你的 drive（驱动力）是什么，她想了半天说，我的真正驱动力是在晚餐聚会时候能谈有趣的话题……

我们在美国面试的基本上都是这些名校的毕业生，所以大家可以想象他们在申请的时候肯定是在数千人里脱颖而出，肯定有和上面文章里类似的故事，要不然也没那么容易进这些名校。但为什么这么优秀的人还经常在面试过程中让人感觉无趣呢？有一些可能是面试技巧的问题（不排除有些人前天晚上没睡好，或沟通能力有问题），但我能推测的更深层次的原因是那些简历上的“有趣”是设计出来的——只是另一种形式的应试教育，所以他们在这个过程中没有真正成长为一个有趣的人。

如何成为一个有趣的人，其实第一步是有梦想，而且不是一个短期的实际的“梦想”（比方说我想上某某学校，去某某公司）——这叫“目标”，不叫梦想。没有梦想的人注定是个无趣的人。

如何处理自己的"劣势"——八年面官经验谈（五）

文|一诺

这是面试系列的最后一篇，讲讲最闹心的，就是如何在面试中处理自己的劣势。

劣势这个东西，其实首先需要定义一下。啥叫劣势呢？这有客观的一面，也有主观的一面。也就是说有些是真的劣势，有些是你自己吓唬自己的。比方说你长得矮，你可能觉得这是个客观的劣势吧，但在面试里，大部分情况下这真不是个问题，所以这不是劣势，也就没必要为这个纠结或者费心思准备。我听到过很多关于劣势的问题，但其实大部分并不是真正的劣势，咱们下面细说。

处理劣势的第一步，其实就是不要太纠结自己的劣势（不管是真的劣势还是自己吓唬自己的），而是多想想自己的优势，比如你何以能胜任这份工作。这个心态很重要。为什么呢？这不是简单的阿Q精神胜利法，而是有一个重要的前提，就是面试你的人打心底里是希望看你的优势，而不是变态地来挑你的毛病。这又回到了最开始说的，面试不是考试。作为一个面官，最失败的莫过于面了一天一个 offer 都给不出去。你说公司花这么多资源，面官花大把时间，不就是希望能够招到合适的人吗？所以面官能招到一个人，给出去 offer，才是成功。也就是说你对面那个人是希望看到你放光彩的，而不是让你如坐针毡地难受 30 分钟然后走人。心理变态的面官不是没有，不过绝对是少数，而且如果你真的走大运遇到这种人，那么这种公司，不去也罢。

第二步，甄别什么是真正的劣势。比方说在美国找工作的中国人，经常觉得“自己是中国人这一条”是劣势，还没去面试呢就觉得自己低人一等，这实在是没有必要。实际上如果第一轮见你的是人力资源部门的小朋友，很有可能从学历到见识都比你差得远。所以对自己有信心很重要，要不然面试还没开始你就输了一半。当然有很多是看起来更“干货”的优势或者劣势，比方说你有很相关的背景或经验，你如果有，恭喜恭喜；但是如果你没有，这也不一定就是劣势。既然你得到了面试通知，那就说明你有足够的资质让人愿意给你一个机会。有些在美国的中国朋友要说了——可是我没有身份，要工作签证啊，肯定不如老美啊，这是实打实的劣势啊。但我要说这和面试没有关系，你既然拿到了面试机会，就尽全力把它变成offer，然后再考虑签证的问题。如果现在就觉得自己不如人，又是没开始就输一半，自己给自己泄气。

还有几个经常被当作劣势说的例子，比方说觉得自己的学历不够好，去的学校不够牛，或经历不够好，以前去过的公司不够牛，等等。这对有一些工作来说可能是劣势，但是如果你拿到了面试通知，就说明这已经不是什么大不了的劣势了。从一定程度上说，拿到面试通知相当于你和其他面试者在被选中的那一刻被同时归零，在面试里在同一个起跑线上竞争了。而且说实话，这时候好学历和好公司的经历反而可能成了“劣势”——一看你是哈佛毕业的，那么对你的预期肯定比别的面试者要高。工作经历也一样，我在面试里见过不少在有名的公司工作过，但见面后让人失望的。为什么？是因为虽然公司的名气大，但一个人在里面可能做的事很小，面很窄。而且公司越大，这种几率越高，所以这些人虽然简历光鲜，但真正能做有影响有意义的事的机会反而倒可能不如那些在小公司里折腾的人。当然这并不是说学历、经历不重要，只是说，如果你拿到了面试，这之间的差别就没那么重要了，这时候你能不能拿到offer，就看自己本事了。

那么，总还是有一些真正的劣势的。但这里面又分两类，一类是通过努力在面试前能有所改进的，一类是不能的。

这两类里，第一类往往是沟通或面试技巧类的问题。比方说你一面试就紧张，说不清话，或者是在美国找工作，英语不够好，或者对咨询和一些其他行业的来讲，要准备“case interview”（案例面试）。对这一类问题，其实只有一个对策，就是死磕——也就是猛练。大家不要以为那些表现自如的人都是天生的——也许有天生的吧，但我没见过。面试这个东西和咱们学习任何新东西一样，在有些方面是要下功夫去掌握的。所以去找一个同学朋友，或者老公老婆作“陪练”吧。从开场白自我介绍，到问你可能遇到的问题。一练你就知道，哪怕是你以为胸有成竹的问题，说出来都走样儿，更别说没准备的问题。如果没有“陪练”，就给自己录音，或者录像，第一次肯定是惨不忍听、惨不忍睹，听了看了就想销毁。不过练练就会在短时间里有明显的进步。在这个过程中你也会发现有很多你以前没注意的细节，比方说用词的选择，语速语调，包括一些你自己注意不到的小动作，面部表情，等等。这些和沟通交流相关的东西其实是中国的教育里比较欠缺的（至少是我们这一代人的教育里），所以要自己下功夫。

对于case interview也一样，不管你觉得自己如何冰雪聪明，见多识广，要想在面试中做好，还是要练习。我当年申请工作的时候因为是博士，没有商业背景，对商学院的理解仅限于知道他们门儿朝哪开，所以只能靠多读和多练来准备。记得拿到面试最后一轮的邀请的时候，离面试日有一个星期的时间，那时候博士答辩也完了，就和华章在家里练了一个星期，从一开始看到case脑子里一片空白，到感觉看到啥case都能信手拈来。后来在洛杉矶办公室面试的时候，觉得遇到的case都很简单。这么说除了自我吹嘘以外，主要是想说在很多方面，下功夫是可以有很大改进的。当然，和很多事情一样，下功夫往往是必要非充分条件，但既然是必要条件，那就少废话，干吧。

第二类问题就不一而足了，比方说工作要求的某种经验或经历你没有。但是回到上面说过的，既然你拿到了面试机会，就说明这个劣势没那么可怕，别人还是希望能通过面试看看你是不是有可能胜任这份工作。所以在这方面，我的建议是首先不要上来就解释自己的所谓“劣势”。因为在面官那里这不一定是个大问题。但如果是，而且被问到了——比方说“你在本科的成绩看上去不够好啊”，或者“为什么有一年啥都没干啊”，那就不要支支吾吾，而是直言以对，而且要有一个诚实和合理的解释。这个也需要事先有所准备，特别是如何做到诚实、合理。面试官也是人，只要解释合理，而且后来的或其他的相关经历证明你的实力，这些并不是致命的问题。

在处理这些所谓“真正”的劣势的时候，其实最重要的一点是我上面说的“诚实”。不诚实是面试里最不能被容忍的（当然这不仅限于面试）。这说起来好像是很明显的大道理，但在面对自己的一些短板的时候，我能理解心里总有点想撒个小谎的冲动。不过谎言是没那么容易编圆的，所以一旦你的面试官们发现了不一致，你在其他方面做得再好，也会被一笔勾销。而且不仅是对你这次的申请，而是对你这个人。所以如果你有这种小冲动，一定提醒自己这得不偿失，把这冲动扼杀在摇篮里。

面试这个话题暂时先谈到这儿。最后再啰唆两句，前面也说过，面试的功夫是在面试外，面试只是一个人工设计出来的集中展现你自己的舞台。所以虽然“战术”上要很重视，但“战略”的重点还是在每一天你做出的选择，看这些选择能不能让你成为一个更有料、更靠谱、更有趣的人——最后这句话和大家共勉。

如何做好一个经理人（一）

文|茶思饭

序(一诺): 本文的作者茶思饭是早年和华章在加州理工一起混过的。当然主要是华章混，茶同学好像比较正经，经常打牌。现在茶是硅谷某知名大型软件公司负责研发的 SVP (Senior Vice President 高级副总裁，就是 CEO 下面一级)，应该是中国人在硅谷高科技公司里做得最成功的几个人之一了。他早年也在上海主管过硅谷公司在国内的研发中心，业界评价据说也是极高的。当然我只是记得那时候他来北京蹭饭打牌，一副笑面虎的形象。心里当时就想，这样的人做研发，靠谱吗？不过看了文章你就明白了，这“笑面虎”的选择是颇有深意的……

我在读研究生的时候，与导师和另外两位同学一起开了一家高科技小公司。一开始是做“程序猿”。做了一年多，产品出来了，投资进来了。要扩大团队，就需要一个 manager(负责人)。其他几位同学推举我，我喜滋滋地就答应了。本以为是我人缘好，可后来他们告诉我，是因为我写程序最慢，把我派去当 manager 对项目影响最小。

我可不这么认为。我觉得起码有另一个同学比我更弱。不管怎样，“阴错阳差”，1999 年，我正式开始了我的技术官僚的职业生涯。之后我们小公司不断膨胀，工程师团队从三四个人，涨到十几个人，又涨到四五十个人。之后遇上 2001 年的泡沫破裂，又连裁三拨。直到开发出第二个产品，才绝境逢生，2005 年卖给了大公司。进入大公司后，我曾经以为自己是一个 entrepreneur（企业家），想辞职再干，可是没经得住大公司高官厚禄的吸引，在官僚的道路上渐行渐远，一晃至今，当 manager 十五载矣。

刚当上 manager 时，管理技巧基本上是从三国演义学的。在 cubicle（卧室）墙上贴了“知人善用，雷厉风行”八个大字以自勉，倒也勉强应付。我的导师及董事会的老头董事们，无私地给予我一些辅导，不知不觉中，管人管事也不觉得累了。随着岁月的流逝，渐渐地，我开始做一些辅导员工作，帮助那些刚刚走上 manager 职位的同事，也算是个回报啦。

大家可能有的第一个问题是，作为一个 engineer（工程师），你怎么判断自己否应该当 manager 还是继续在技术路线上走下去？我以为有两个测试。第一，看你是更喜欢和人打交道，还是和事打交道，如果前者，当 manager 有戏。第二，看你学知识、做技术，是以纯与深取胜，还是以杂与广取胜，如果前者，还是继续走技术路线吧。

假设你喜欢和人打交道，知识面与兴趣又较广较杂，当上了 manager，比起 engineer 来说，一下子就需要和很多人多打很多交道。这也是求仁得仁吧。从内部来说，主要是和三种人打交道：手下的团队成员，平级的同事，顶头的老板。我来简单分享一下我作为一个 manager，怎么处理和这三种人的关系。把这三个关系处理好了，你的工作也就完成一大半了。

先从团队成员说起，作为他们的经理，我认为需要扮演好四个角色。

第一个角色，是 cheerleader——啦啦队。

作为 manager，衡量你的成绩的，已经不是你的产出，而是你的团队的产出。而你能影响到团队最根本的，是团队的文化与环境。你需要营造的，是一个正面的、透明的，互相帮助、互相激励的团队环境，使得团队的每一个成员，没有后顾之忧，体现出他或她的最大能力。而这样的团队，往往能吸引更多优秀的工程师加入。甚至有的优秀队员，因为你这个 cheerleader 而加入也说不准哦。

第二个角色，是 matchmaker——媒人。

在项目安排上，怎样配对儿组成团队，很有学问。也许工程师 A 和 B 都是好工程师，但是 A 和 B 两个人一起工作就不太合适，而 A 和 C 或 B 和 D 可能就能合作得很好。这需要对每一个队员的能力与性格有所了解。而在某一时刻，好钢用在刀刃上也很重要，最牛的、最靠得住的人，用在最关键的地方。而当团队大了，组织的设计就更重要了。怎样既灵活又稳健，能够耐打击，也能够适时出击。

第三个角色，是 tiebreaker——仲裁人。

作为一个技术经理人，保持着对技术的热情与掌握，是非常重要的。在项目运行中，难免会遇到决策的时候，而这时仅仅仰仗工程师的建议是不够的。Manager 必须对技术有真正的了解，并权衡其他因素，包括市场、客户、风险，还有政治因素，并做出综合的决定。很多时候信息是不完整的，互相矛盾的，甚至有时工程师之间也会有分歧。这时需要 manager 善于聆听，而在他该做的决定上有自己的主心骨，不犹豫。

第四个角色，有点不雅，叫 ass-kicker——踢屁屁的人。

这个角色，我不是很擅长，个人以为应该少用，但有时确实很需要。我一直说，一个 manager 的理想状态是 doing nothing（屁事不做）。可惜理想之所以是理想，就是因为总也达不到。所以，总有需要踢屁屁的时候。对于一个团队来说，如果一些情况不纠正，对其他队员就不公平。当然，踢屁屁，也有踢屁屁的技巧。主要目标是对事不对人，我的导师教给我一个技术，雅称“shit sandwich”。大意就是，如果你必须喂人吃屎，最好两边加两块面包，这样容易咽得下去。先说些好话，再清楚地指出问题，随后以对他的信心与鼓励结尾。

做个总结，管理团队，四种角色：Cheerleader, matchmaker, tiebreaker, ass-kicker。一个团队的能力，是队员个人能力的总和，再乘以一个 X Factor（X 因子）。而你作为 manager，就是通过这四种角色的扮演，决定 X Factor 的大小。再想一想，这四种角色，不就是十五年前墙上贴的那“知人善用，雷厉风行”八个字吗？

如何做好一个经理人（二）

文|茶思饭

序（一诺）：上一篇茶同学讲了如何搞定团队的四大法宝。下面他接着写如何搞定老板和同事。

搞定了团队，下一个需要搞定的就是老板。很多人认为这更难。我不这么认为。无论好老板或坏老板，聪明老板或笨老板，基本上都喜欢帮 ta 做出成绩的手下和团队。你有一个好团队，团队的成绩有了，你的成绩有了，这些成绩自然成了老板的成绩。很多时候，搞定老板最好的方式，就是把工作做好。没有比这个更简单的了。

当然，有些名人，在搞定老板这件事上还是有体会的，留下了一些可以借鉴的名言。我可以举两个例子。第一个例子是妇孺皆知的大帅哥总统——肯尼迪。你可能问，总统这么大的官，还有老板？有啊。总统也是为国家服务的，国家就是他的老板。肯尼迪的总统就职演说里有一句著名的话："ask not what your country can do for you, ask what you can do for your country." 翻成中文就是："别老惦记着你老板能为你做啥，多想想你能为你老板做啥。"

不仅老外有这样的智慧，中国也不缺有头脑的 manager。百战百胜的林彪就曾在红军大学辅导过某团长"怎样当好师长"的九个诀窍。九个诀窍中的第二个就是："要摸清上级的意图。对上级的意图要真正理解，真正融会贯通，真正认识自己所受领的任务在战役、战斗全局中的地位和作用。”这点初看好像觉得是逢迎媚上的理论，其实不然。老板在布置任务时，很多时候不一定说得清楚，说得完整。客观情况又瞬息万变。这条诀窍说的是，作为manager，你需要有全局观，需要把自己放在老板的位置上，了解老板的真正战略与战术目标，而不是机械地完成老板下派给你的任务。需要能在客观条件改变的情况下，随机应变，不忘大局，帮助老板完成战略目标。

老板说什么，你做什么，那你只是一个B级的manager。老板没说，甚至没想到，你已经做了，那么你才是A级的manager。

团队、老板都搞定了，我们可以讨论和同级同事怎么相处了。这时就会开始进入一个很多管理人员都很不喜欢的雷区：办公室政治。其实，有人群的地方，就有政治，逃不掉的。资源有限，而绝大多数公司的赏罚制度，都暗中鼓励每个经理努力为自己团队获得最多资源，使自己团队能够成功。有内部竞争，就有政治。关于办公室政治，我有以下三条个人体会：

首先，需要挑选公司。总的来说，上升期的公司，比较小的公司，办公室政治比较健康与正面。整个公司有上升空间，每个经理的注意力是自己团队向上走，而不是把旁边团队往下拽。而一些老大公司，上升停滞，只能玩零和游戏，利己必须损人，就像古老帝国的后宫。我的建议是，离这些后宫类的公司远一些。

其次，无欲则刚。我觉得在公司政治中，最有力的武器，是innocence——纯洁。这个纯洁，并不是傻。心中当然要清楚是怎么一回事，但是，努力避开政治，不要主动玩。因为，你一旦用政治手段挥拳出击，你同时就露出了空档与缝隙，给了别人把你打倒的机会。与其玩火上身，不如守身如玉。心底无私天地宽。而我发现，如果你真正做到这一点，尽管不一定主流，但睿智的老板是会注意到的。

最终，多交朋友。我从小公司，进入大公司，最大的体会是这个游戏有点不一样了。如果以打牌来比喻，小公司好比打八十分拖拉机升级，你知道你的队友是谁，你知道你的对手是谁。理好牌开始抢分就是了。而大公司好比打找朋友，你的队友与对手很多时候没有那么清晰绝对，你需要审时度势看风向。而这个时候，需要保持独立，但也需要多交朋友。尤其是看到和自己的基本价值观类似的，而且有本事的同级同事，尤其可交。所谓交朋友，并不一定要出去喝酒，而是在工作上互相帮助，多多交流，尤其是在没有利益目的的时候。政治的正面解读，就是 alliance——交对朋友而已。

把和团队、老板、同级同事的关系都处理好了，其他的工作就都容易多了。只需要你的思考够深，方向够准，团队够牛，决心够大，再加上一点儿运气，离成功就不远啦。

我在麦肯锡的“光速成长”

文|一诺 组稿|Yufei

序（一诺）：这篇文章是在LinkedIn（领英）中国的微信号发的“领英之路”栏目的访谈稿。多谢编辑Yufei的辛苦工作，我也借机比较“正经”地和大家分享一下我在麦肯锡的职业道路。

我在清华大学读生物本科，在美国UCLA（加利福尼亚大学洛杉矶分校）念生物博士。博士毕业时，感觉自己“know too much about too little”（懂得越多越无知），对真实的大千世界如何运转充满好奇。踏入麦肯锡，迈进一个和自己背景、个性、好奇心都挺契合的平台，由此开启了我的职业之路。

麦肯锡小朋友：学习基本咨询技能，掌握二八原则。

职业生涯前两年，在美国麦肯锡工作。从学术型博士变成咨询顾问，第一年是很陡的学习曲线。从具体的商业知识，到怎么和别人高效沟通，虽然从事的多是一些基础性工作。但获得很多、成长很快。

当时，我是办公室新人里唯一一个“外国人”，虽然语言上还过得去，但面对母语是英语、思维转得特别快的同事，怎样沟通与协作，是一个很大的挑战。还记得第一次给同事留语音邮件（voice mail），得练习半天才敢正式开口。

而变化最大的，是思维和沟通方式，在我熟悉的学术领域里，很多东西是“自下而上”的：做各种各样的试验，这个试验结论是这样，那个试验结论是那样，然后总结起来，结论是这个样子的。同时，学术博士需要花费很多时间去做细致工作，几年时间深入研究一个课题，讲究慢工出细活。

但在咨询行业，整个逻辑是"自上而下"的：首先，我的结论是这样；接着，我再解释这背后的原因一、二、三。这也就是通常所说的金字塔原理——先说最重要的结论，然后再一步步展示和引导。同时，在几周之内，咨询顾问就要接触大量信息，回答各种迎面而来的问题。

一开始我很不适应这种工作方式，后来才慢慢意识到，在现实的商业世界里，不可能每次都有机会特别细致地研究每一个细小问题。对于刚入行的新人，要在思维上跳出来，学会宏观、系统、逻辑地思考，应用 80/20 原则，在很短时间内抓住核心问题。

职业生涯变动：抓住机会，把握重新充电的过程。

在麦肯锡工作，不管工作地点在哪儿，都有一条职业发展的主线，每两到三年，都会面临一次职责和岗位的改变：从分析师到项目经理，过两三年做到副董事，再到合伙人。

在美国工作一年半后，我萌发了回国的念头。主要是两个内在原因驱动：一方面，美国的同事和朋友默认我应该非常了解中国——但实际上，很诚实地说，我在国内时还是学生，整体上对中国经济生活的真正参与是非常有限的。另一方面，我先生那时候也开始回国创业。作为一个中国人，我还是期望能够在年轻的时候，去深度了解在中国工作和生活是什么样子。

不过，对公司来讲，这时候的我还是一个新人，并不是萌发职业转变的念头之后立刻就能实现。当时自己并没有太多优势，所以一直在等待合适的时机。那时最看重的是自己的下一个项目能不能做好，项目做好了，国内的办公室才可能愿意接受你。

2007 年开始回国工作，每一个项目，每一个新的学习和研究，每一次和国内同事、客户的互动，对我来说都是重新充电的过程。

从2014年开始，我又回到美国，在麦肯锡硅谷办公室工作，其实也算一个挺有意思的“回头”。在任何一个行业和公司进行工作地点的转换，都会经历一定的波折、阻碍和反复，但处理好了，就是一种很积极的体验。

Up or out：每个人都在和自己竞争。

在咨询行业，基本每两年会有一次升职，你刚刚做得顺手，公司就会希望你承担更大的职责。外界可能听说过“up or out”的规律：如果你在三年内没有升职，可能就得出局。

听起来有些残酷，不过，“up or out”并不是指你和别人的竞争，每个人参与的咨询项目和项目所在行业都不一样，所以并不存在横向的比较。实际上，每个人是在和自己竞争。

从工作职责上说，项目经理是一个“problem solving leader”（问题解决牵头人），要推动解决客户问题，是处理客户关系的中心，需要从总体层面管理一个项目。

做到副董事，可能得同时带领好几个项目，在一个项目中，你所起的作用不再是具体的日常执行和管理，而是更多去考虑客户，考虑从项目角度怎样才能更好地回答客户的问题。

到了合伙人层面，成为客户真正意义上的“军师”，就需要在公司层面和客户建立信任，需要能深入理解客户面临的问题是什么，考虑怎样能无偏见地透视并解决一些难题。

合伙人视角：商业问题的核心其实是人。

学术背景出身的我，原来对世界的认识比较单纯，觉得通过“work smart，work hard”（花心思尽最大努力），通过很强的分析能力，我们就可以解决一些很难的问题。

但后来，随着工作经验的积累和职位提高，通过参与一些涉及CEO决策的项目，我发现，所有的商业难题，到最后其实都是人的问题。所有和组织相关的议题，都存在“人”的变量，人是商业问题的一部分，并不存在一个绝对意义上的正确答案。

在真实的商业世界中，一项决策是由多种因素综合作用的结果，很多人的决策都与环境、个人处境和个人风格相关。处于商业世界中，你得学会全面地看待一个问题，不仅需要把数据、业务分析做好，还要考虑什么样的方案对特定客户才是一个“对”的答案。

比如同样一种市场情况，或同样一份分析结果，对于不同客户、对于客户的不同阶段或不同部门，意义是不一样的。怎样比较完整系统地来和客户讨论这个问题，让客户深入到问题之中，是我在麦肯锡学到的关键技能。

做到合伙人之后，这一点会更加明显。合伙人很大一部分工作职责就是去理解客户 CEO 层要面对的问题。客户的不同风格，尤其是核心高管团队之间的动态和关系，都会影响决策的制定。所以，能否从理解人的角度来接触问题的核心，找到系统解决方案，这是咨询行业能否升职的一个核心要素。

工作和家庭：作为整体来安排。

我有三个孩子，从结果看，自己在一定程度上工作家庭结合得还不错。怀老大的时候升职为副董事，从副董事到董事合伙人，一共两年，其中还包括了老大的怀孕和产假时间。后来升职为董事合伙人的时候怀着老二，看起来好像一切计划得很好，但实际上真不是这么计划的。

有孩子的都知道，就是你想计划，90% 的可能性都计划不好。所以，从个人经验看，除了刚入职的一到两年调整期，其余时间要孩子这件事就看个人和家庭的打算。有孩子之后，生活和工作要做相应的调整，需要把工作和生活作为一个整体来安排和计划。

光速成长：不能远超预期，就是不合格。

在 2005 年刚刚加入公司时，我还非常青涩，对行业理解有限。

到了2009年左右，作为项目经理，经常在客户企业的高管会议上做展示。即使一些非常资深的客户，遇到组织里的核心问题，也会找我来商量。这几年可以清晰感觉到自己在专业方面的成长。

有些朋友觉得6年时间成为麦肯锡全球合伙人是“光速”，其实，这并不是那么少见，时间更短的也有，而且我觉得这与机遇和运气也有很大关系，所以没有什么值得炫耀的。但抛开年份不谈，麦肯锡的确是一个让人光速成长的地方。

一方面，麦肯锡和它所在的咨询行业，最大的资产就是人才。根源设计上，它会不断鞭策你，要求人的成长是一个多维度的、快速的过程。另一方面，来找麦肯锡做咨询的企业，遇到的问题一般难度都很大，所以工作中对人的挑战和锻炼，自然而然一直存在。

麦肯锡有很强的自我发展和自我鞭策的文化。在我们看来，要求你交付100%，如果不能远远超出预期，其实就是不合格。

大部分年轻人可能会被自己的岗位职责所限制，在这个岗位就只干眼前的这些事情。但实际上，个人成长首先来源于对自己比较高的要求，需要比较全面地考虑业务问题和个人发展问题。

关于业务，客户或老板如果真要做这项事情，那除了客户要求的这项分析之外，我们还要考虑：我还可以做什么主题的分析？还有没有合适的案例？

“让我做1、我就做1”，这种心态其实不可取。如果我发现真要解决这个问题，只做1是不够的，那我做了1之后，会想怎么做3，怎么做5。哪怕是在职业生涯初级阶段，也应该有这样的心态——凡事多想一步，把客户和公司的问题当成自己的问题。

有时候想想自己何德何能，能有这样的经历，所以非常感激在麦肯锡经受的训练和这个平台。这些年，成长以光速计。

（本文由领英原创）

“女神”的背后

文|余进 林晚

序（一诺）：余进是我麦肯锡的同事和好友。这篇是她最近参加“你我辣妈”活动后整理的文章。余进在原有的基础上稍有改动。

这是一个暖冬的周末早晨。我应“你我辣妈”之邀与一群“不放过自己”的美丽女人相遇。

这是一群“什么都想要”的辣妈，努力地一边做好母亲、妻子，一边或在创业，或在职场拼搏，一边还在试图追求自身的美丽绽放。其中时尚杂志的一个女主编满脸苦恼与满腹委屈：“我经常采访各种优秀的成功的女性，她们好像拥有天下一切美好：家庭、事业、自我，而且谈笑间仿佛这一切信手拈来，如此不费吹灰之力。我刚刚成为妈妈，怎么短短两个月我已经狼狈不堪，我觉得自己好无能啊。”

我的脑海里浮现了两种美丽的鸟，忍不住将这两种鸟的故事送给了在场的人：首先是湖面上一只美丽的天鹅。所有的从容、淡定、优雅、美丽，你觉得它都占尽了，如果你想一想，湖面下，它的脚一定是在紧着忙活的；其次是美丽的孔雀，我听说孔雀是一种很神奇的动物，它吃的是有毒的种子，但是它把每一种毒素都幻化成最美的羽毛。我想，我们在追求人生价值的过程中总会有很多的挫折、很多的难处、很多的挑战，可能就是我们遇到的“有毒的种子”，所有的纠结和痛苦其实都能变为成就你的东西。天鹅和孔雀，它们的美是美丽、优雅、坚韧的综合，更有一股涅槃重生的力量。看似轻而易举拥有一切的女神们或许更像是天鹅与孔雀吧。

接下来，我与大家分享我的一点点追求“成功人生”的背后经验与心得。

什么是成功?

我们每一个人都追求成功，而且这个成功的定义还是多维度的。成功到底如何定义？是挣多少钱？还是职位做到多高？我想如果当我的人生快走到尽头，思考这辈子如果重来我还会这么过，我觉得就算成功了。所以，活出你自己想要的样子就是成功。

事业和生活不是平衡，而是融合。

每一个女人想要的都很多，希望“life work balance”（生活事业的平衡），因为我们要的不光是家，不光是做好妈妈和好妻子，还有属于自我的空间和自我实现。其实 balance（平衡）这个词本身就把这些东西都当成了矛盾体。我最近的顿悟是，我们需要的是 integration（融合）。工作、家庭、女人的角色，你都做好了，它们是可以相辅相成的，融合比平衡重要。

我们的一部分纠结，来源于想做一个好妈妈、称职的妻子和想做好自己事业之间的冲突。其实你完全不必负疚，也不必觉得自己自私。曾经有研究发现很多成功男性的身后，都有一个非常有进取心、有自我追求的母亲，诸如奥巴马，诸如杰克·韦尔奇。他们的妈妈在实现个人价值的过程中，可能也没有太多的时间像一个全职妈妈那样去照顾孩子，但这并没有影响孩子的健康成长。

从我个人的经验，我觉得：第一，你自己是孩子最好的 role model（榜样）；第二，因为你在工作中会看到一些不同的东西，在追求自己的成功、个人价值的过程中，会有很多洞见。这些都反过来帮助你更好地影响孩子们。别的妈妈可能需要去看很多书才能收获的经验，你在做自己的过程中就体悟到了。

好的母亲不是时间问题，而是质量问题。

有些全职妈妈会有这样的苦恼：“你知道吗？当我24小时都跟孩子在一起的时候，我并没有真正地跟他在一起。”我能感受到她们内心的不满足和不安定。所以，我觉得做一个好的母亲，并不是单纯的时间问题，更是质量问题。

首先让孩子感受到你的爱是非常重要的。一个人从小能够得到多少爱，他长大就能付出多少爱。每个孩子的心里都有一个爱的小桶，你要把它装满满的，那他将来就会成为一个擅长接受和表达爱的人。

我经常告诉我的孩子，我多么爱他们，在语言上、行动上不断地去告诉。如果我早晨有空，我会把他们亲醒，然后跟我的孩子说：“知道世界上最幸福的孩子是谁吗？就是被妈妈亲醒的孩子。”我经常问他们：“谁是妈妈的心肝宝贝儿？”他们都会特别自豪地说：“我！”我老问一些这样的问题，让他们不断地强化他们是特别特别被爱的。包括我生气的时候，指责他们的时候，我也会跟他们讲，妈妈对你这个行为很生气，但是并不影响妈妈对你的爱，妈妈爱你们！

其实我做过很多严格意义上来讲并不称职的妈妈的事情，比如我会错过孩子的家长会，我也肯定做不到每天早晨起来给孩子做早餐，甚至做不到陪他们吃早餐或者送他们去上学，因为我确实太累了。但是如果我做的时候，我会让他们深深地感受到。周末的时候，我会问他们想吃什么，让他们点，他们会很开心。然后我问：“你们要不要跟妈妈一起做？”他们就很开心地把它变成一个游戏。后来母亲节或我生日的时候，他们会悄悄地给我做一大桌丰盛的早餐。我想，这就是爱的回馈了。

和大家分享几个我的小贴士：

1. 每周都要留出家庭时间。假如工作和家庭时间冲突，可以利用孩子上课的间隙巧妙安排。

2. 利用移动互联带来的便利，把周围做头发、做指甲的叫到家里来服务，然后一边跟孩子玩着，然后一边把头发、指甲都做了，免得成了黄脸婆。

3. 把聚会安排到晚上 9 点以后，从餐厅变成会所或者美容院。因为那会儿宝贝已经睡了，你照样可以和闺蜜边打理自己，边喝茶聊天，留出属于自己和朋友的时间和空间。

4. 学会画好自己的边界。我决定我做什么事，不做什么事，什么样的工作能接受，什么样的工作不接受。

5. 从时间管理到精力管理。要想把每一个角色都做好，必然要付出代价。比如因为照顾孩子，你可能要晚上九点以后才开始工作，但是当你满怀着孩子给的正能量去工作时，效率也会更高（It's not about time, it's about energy）。

把工作的能力用到家里。

很多工作上的能力用到家里，其实是很好用的。

（1）多线的能力。

当大家做到一定职位以后，都会需要 multitask（多线），就是同时运作好几件事的能力。你会知道在什么节点上关注什么事，在什么节点上需要把什么事授权。把这个能力放到家里，你的能量会比一般的家庭主妇大很多。我家隔壁的美发厅最熟悉的场景是我一到，他们会有好几个人同时服务，做头发，足底按摩，同时我自己抱着电脑不耽误工作。

（2）学习能力。

一个优秀的职场人或创业家需要具备很强的学习能力。我的职业训练让我能够无论任何事情，今天你跟我说，我可能听都没听说过，两天以后我跟你谈，你可能以为我是专家，这就是学习的能力。我家装修的时候，都是我来提前学习，然后指挥设计师和装修队。学习能力简单的总结是能够解构命题、能够利用各种资源迅速掌握信息并加以提炼成自己的观点。这种能力的掌握对培养孩子的学习能力大有裨益。一天晚上回到家，六岁半的女儿冲过来，兴奋地告诉我老师给她的学习小组分配了一个研究课题：地震。我就用问问题的方式帮助她解构命题：那你想研究地震的什么呢？是什么叫地震，还是地震的危害？她说："我可以从 iPad 上的 BrainPop 里查到地震是什么，你可不可以在你的微信朋友圈里问问地震最严重能有几级（我的孩子们好像知道妈妈有很多的朋友且特别为此自豪）？"得到她的指示，我就在我的加州理工学院校友群里发问，立刻得到全球一流的科学家们提供的最权威的答案。女儿通过分解任务，调动资源，指挥妈妈顺利完成了她的研究项目。更重要的是在这种练习与互动中逐渐掌握学习能力。

（3）授权能力。

当你做到一定职位以后，你必须学会对别人授权，你也必须学会相信别人，并用人所长。比如，如何授权你的保姆、司机。当孩子小的时候，你要知道什么是可以授权，什么是不能授权的。吃喝拉撒是可以授权的，但是孩子的心理辅导不能授权，在孩子成长过程中遇到各种问题时的高质量对话不能授权。儿子已经养成了一个习惯，如果他遇到了什么不开心的事或是困惑，他会邀请妈妈晚上入睡前聊一聊，每每此刻是我可以帮助他形成他的三观及待人接物的态度的最好时机，也是我们母子加深彼此理解和感情的美好时刻。

（4）抓大放小的能力。

抓大放小是抓住本质、优先排序的能力。比如一诺，她就可以兴致来时抓起一个塑料袋带上孩子们冲到楼下买上几笼小笼包去野餐。是的，她可能没有时间自己提前制作精美食品然后装在考究的食篮里，但是有什么关系呢？我相信她的孩子们跟他们的风趣充满活力的妈妈一起野餐的体验仍然会是快乐无比的。

在家里抓大放小也就是不要管太多。其实很多时候，我们对孩子的关注不是太少，而是太多。尤其家里老人多，孩子特别容易在爱里窒息。对孩子的教育应该是设定好边界，给他尽量多的空间让他自己发展。

（5）辅导人、培养人的能力。

一个好的职场领导应该是善于培养员工、辅导员工、激励员工尽其所长的。这个能力用在家里，不但有利于家里的阿姨、司机的积极性，更可以用来进行孩子的能力培养。10岁的儿子提出他想要零花钱，我觉得有道理，可以借此为工具培养孩子的财商以及其他好习惯。于是我就告诉他我愿意考虑给他零花钱，但是目的是为了培养财商，所以钱数要比他把他想做的所有事情都做了需要的少，是为了培养他一些好的习惯，因而还需要定义一些行为标准并据此有赏罚机制。但是我实在没时间，所以他如果同意这些原则，他可以自己制定一个具体的方案，我们再来讨论。儿子果然自己做了很好的规划和方案，更重要的是他一开始就站在了我的角度上，明白故意设计的一些挑战的初衷，因此不容易抵触，同时他自己制定的行为规则（如每周游三次泳）他会更自觉地遵守。

或许是我的“放”养教育模式吧，孩子们好像确实比同龄的孩子更有独立的思想和独立做事情的能力。

（5）找到客户痛点的能力。

老人难免会对我们的生活指指点点，但他们的初衷就是爱。有一段时间，我妈也总干涉我的事儿，我就跟她说：“我工作这么忙，家里再不省心会给我造成非常大的精神压力，这些压力会转而对身体健康造成很大伤害……”再配上我的眼泪，一下子击中她的痛点。她以后什么事都尽量配合我了。

（6）管理结果的能力。

很多家长教育的目的都是为了将来孩子能进好的学校，有一个好的职业发展，我们也可以反过来想这事。好的学校要招什么样素质的孩子呢？他们要的是能往好的企业输送的人才。好的企业要招什么样的人才？他们要的是具备成功潜质的人才。究竟哪些素质是奠定人生成功的基础？当我们以人生阅历和职场经历站在这个终点往回看，你就知道培养孩子的时候，哪些素质是最需要被培养的，可能就不会再一味关注成绩或其他形式而非本质的东西。

我提到的事业和家庭的融合，其实做好一个母亲是可以帮你成为更好的职场女性的。我相信每一个母亲，都会经历与孩子一起成长的过程，你会重新学习怎么去爱别人，怎么去关心别人，怎么去影响别人，这些能力都会有助于你成为一个优秀的领导者，会有强过很多男性的不同的领导力。我坚信一个能够做最好的自己的母亲本身就是帮助她的孩子们做最好的自我的路径。

人生地图就是 up & down（上上下下）。

我告诉那位女主编，那些你采访的女神们回忆起她们的经历好像一切看似得来不费吹灰之力，或许是因为她们更容易记住美好的，更容易迅速排解烦恼，走出低谷。我曾经三次被麦肯锡提出过业绩警告，其中一次就是我生完孩子刚刚回到公司。当我绘制我的人生地图，去回顾从出生到现在发生过的事情时，我发现我的人生地图是曲线起伏的。低得越低，下一个峰值就会越高。

这给了我一个特别深刻的对自己人生的洞见，第一：人生肯定是起起伏伏的，没有谁是一条直线，有 up & down 很正常。它给我的心态就是，当你站在高点，不用太得意，也不用太过自我满足，因为接下来可能还会有低点。当你在低点的时候，也不用太沮丧，因为低点来了，高点还会远吗？接下来还会高的！正像我们中国人讲的“祸兮福之所倚，福兮祸之所伏”。于是对生活有了一种更平和、更淡定的心情去看待这些起起伏伏。

第二个洞见是什么呢？当我遇到一个低谷的时候，我反而会有一种期待和盼望，下一次的反弹在哪里？我会很快把那些负能量放到一边，去想它们会给我一个什么样的反弹机会？我应该具备什么条件去实现那个更高的反弹？

“在这个光怪陆离的人间，没有谁可以将日子过得行云流水。但我始终相信，走过平湖烟雨，岁月山河，那些历尽劫数、尝遍百味的人，会更加生动而干净。”这句话是张爱玲说的，献给所有成长中的女神们，希望你们成为美丽优雅的孔雀和天鹅！

Part3

滚滚红尘

十二年爱情故事

大头和小花的十二年

我要的幸福

换心人

创业者家属——梦想背后的故事

大河弯弯

宝贝，妈妈教你谈恋爱

爱情是一种值得等待的信仰

那些离婚教我的事

十二年爱情故事

文|一诺

步入中年，特别是自己当了妈妈以后，越发觉得自己是个特别幸运的人。从我的姥姥姥爷，亲爱的妈妈，到华章，当然还有这么多家人、朋友，不知道前世积了什么德，生命里有这么多爱。

和华章，回忆起来的都是小事……

我俩从认识到结婚整一年，我那时候对他说，我喜欢的是基努李维斯那样的大眼睛尖脸帅哥，不是他这样的大圆脸。他想了一下，把两个腮使劲往里一吸，把小眼睛瞪大，说："现在怎么样？"

读博士的时候，我们住在 UCLA（加利福尼亚大学洛杉矶分校）附近，开车 5 分钟，他在 Caltech（加州理工学院），将近 30 英里。每次晚上我觉得差不多可以走了打电话他就出发来接我，可是每次我的时间都不靠谱，UCLA 校园里又很少能免费停车，华章就在车里等，半个小时一个小时是家常便饭。每次我下来，都有点愧疚，他却总是一副兴高采烈的样子，还说，要是你不给我创造机会，我怎么能成为"历史学家"呢?（当时我的室友开华章的玩笑，说历史学家就是每天等老婆出门化妆换衣服的时候读书造就的）。

昨天华章肉麻兮兮地对我说："你知道吗，你在我眼里就是完美的。"我说为什么，他很找打地说："因为我境界高啊，所以觉得你做什么都是最对的，最好的……"不过我想想他说的有道理，的确是境界高。我当然知道自己不是完美的，有时候是丑的，假的，恶的，但在一个人的眼里，你从来不被评判，你总是美的，总是完完全全被接受的，所以幸福。

不过其实从另一个方面说，华章这也只是“花言巧语”——他总能看到我自己看不到的东西。记得我进麦肯锡第二年，北还没找着，他就说：“我觉得你以后能在公司董事会上对着一帮老头子不靠谱的想法指手画脚。”后来2010年我在德国对一个客户的CEO加高管团队谈战略（的确是一屋子四五十岁的“老头子”）仿佛有dejavu（似曾相识）的感觉。我六年做到了合伙人，中间从美国到中国，还生了大娃。升合伙人的时候怀着老二，突然想吃麻辣烫，我们的“庆祝晚宴”就在门口的麻辣烫花了70块银子。华章说，你现在升了，可以放开想能干些啥了，别做个没劲的合伙人。我有几次去清华演讲，每次都很热闹，华章也都去听，不过每次完了他都提很多意见——说人家来听是冲着你们公司的牌子来的，并不是说你真讲得好，你们说的都缺乏亮点和新意……两周前我又有一次机会去，我们俩在家门口租车行的简易房外面讨论该怎么讲，他给我出了很“出格”的点子，当时就记得清晨飕飕的寒风里我们俩high得不行。后来事实证明，效果确实不同凡响。华章爱琢磨，爱思考，是我的读书摘要和百科全书，是我的一面魔镜，总能让你看到更好的自己，所以幸福。

华章有双鱼座的小浪漫。记得几年前的情人节，他带回来一个硕大无比的粉红色的气球扎成的心。想到他是从五道口买的，十几站地铁上举着这么个东西，带给结婚多年的老婆，挺不容易的。还有一次我们俩要睡了，他说“闭上眼睛”，再让我睁开的时候我们小卧室里天花板上满是小星星，是他在淘宝上买的夜灯。那夜灯现在早坏了，不过那些星星永远在我的脑海里。

记得老妈的一个朋友说过，婚姻的本质就是对话。结婚越久了，越觉得有道理，有个能随时随地想到什么说什么的人，是很幸运的事。记得大学我和唯一一个正经谈过的男朋友分手，也是冬天，后来在北京坐小巴，车停了，上来一对牵着手的小情侣，在车上扯闲片子，我坐在后面哭成个泪人，觉得这么简单的幸福却离我这么远。现在有时候我还会偶尔神经质地自己哭一场，想到如果哪天华章不在了，我该如何面对这种孤独。

介绍一本书，欧文·亚隆思想传记，中文版叫《在生命最深处与人相遇》，书名翻译得很好，他讲到人的 ultimate concern（终极关怀）是死亡、孤独和自由。我觉得很幸运，能在生命最深处与你相遇，华章，能够共同面对生活、孤独和自由。

大头和小花的十二年

文|小花

序（一诺）：今天（2月22日）这篇文章是麦府的小妹妹写的，这个傻姑娘和她的二小伙，经历过真正被生死考验过的爱情……

这篇文章是献给一个叫作梁大头的人，作为他的31岁生日礼物。你没有看错，这个男人就是在2月22日这个普天同庆最二的日子里出生的，这个数字和他日后的言行举止有着密不可分的联系。而且从严格意义上来讲，我们真正恋爱关系的确立也是在12年前的今天，所以也算给自己一个礼物吧。

梁大头的头并不能算很大，只是相对他干瘦的身体显得大了些。

我自7年前误打误撞混进麦府，到现在还赖在这里。说真的，我很喜欢我的工作，我也很喜欢和我一起工作的人们。我每天兴致勃勃喊着“巴扎嘿”，挤着地铁爬到公司，没心没肺，嘻嘻哈哈，战斗到夜里也不觉得累。我的小宇宙每天“BiuBiu”地燃烧着，激励自己也温暖别人。有人说，瞎掰吧，在麦府这种强压的大环境下，怎么可能一直保持高涨的情绪？我也不解，后来我发现，很重要的原因是我有一种巨大的幸福感，一种很强大的感知“爱”的能力。

这种能力和梁大头有关，而且相当有关。一起走过的12年，我常常都会问自己，是上辈子拯救了银河系吗？怎么会有一个大头出现在我的生活里，而且就是我的菜！写到这里，我脑海中居然一下放空了，12年来，两个人几乎从不吵架，高度信任，搞怪风格也是。太多太多的故事，却不知从哪里写起。

梁大头是我不同系的学弟，是的，我们是如假包换的姐弟恋！梁大头说对我的第一印象是大一暑假在学校军训的合唱比赛，我作为上届合唱冠军队的指挥被邀请去指导学弟的排练，黑框眼镜，黑皮肤，一款男款黑背心加上嘶哑的嗓音，上蹿下跳地站在讲台上对学弟们指手画脚。后来他回忆说当时只记得“真黑”，万万没想到，当时这个风一样的黑汉子，成了他的妻子。只是当时的我眼睛只盯着帅哥，对这个话不多的大头根本没有任何印象。

后来双双进了学生会，在一起玩的机会多了，才发现大头真是个人才：篮球高手，跳高亚军，一等奖学金获得者，最厉害的是话不多但超搞笑。我经常被他的机敏折服，笑得死去活来。慢慢地两个人越聊越多，感觉也就不同了起来。没有挑明任何关系，就是他陪我自习，然后送我回宿舍。五分钟的路，两个人走一个小时都还恋恋不舍。很快，大家察觉到这种微妙的关系，开始轮流给我洗脑：“姐弟恋很惨”“他家里没钱没权”“他那么平淡，不适合你这种风风火火的”“你应该找一个更出色的”“你们真在一起了最后还是要分”等等。毫无恋爱经验的我被说得晕头转向，寒假前向大头摊牌，我们不适合对方，大家还是不要联系了。之后的寒假就是传说中的度日如年，以泪洗面，相思成灾。寒假结束一回学校，大头就忍不住发了条消息给我：“下周就是我生日，陪我去金茂顶楼一起过好吗？”结果当然是我喜出望外，就差不能回复一千个“好”了。生日当天，一见面大头就拉了我的手，我紧张得快要晕过去，他居然还在金茂的顶楼亲了我一下，老娘的初吻啊！当时害羞得无以言表，一天之内整两个大的，也不通知一声，太不厚道了！

之后就是和所有飘在魔都的校园情侣一样，大头骑着破旧自行车载着我，自习，保研，考研，找工作，租房，买房。从风雨无阻坐2个小时的北安跨线到嘉定短聚，到租一间不足10平方米的小屋幸福地相依，再到拿着父母的血汗钱满上海找买得起的房……两个人在强大的自嘲精神中支持和娱乐彼此，唯一不变的是两个外来人在上海对家的向往。十二年过去了，哪怕现在早已有车有房有户口，我们也经常骑一辆自行车去校园里逛逛，坐在车子后面搂着大头的腰，那种踏实和感恩的心情从来没有变过。

与其他的“经济适用男”不同的是，大头还有一个非常非常棒的功能就是——搞笑。他反应很快，整天怪话不断笑得我半死。比方说他经常站在镜子前面沉思良久，突然流露出欣赏的表情感慨道：“怎么会这么帅！”然后默默飘过。再比方说他经常作弄我，有一年我装嫩留了个齐刘海，好看但就是每天早上起来要打理很久，否则刘海中间就有一个缝儿。当我焦头烂额的梳理刘海时，旁边有一个很贱的声音：“呦！缝（凤）姐儿！”还有对那些很喜欢judge别人的人就给起名叫“榨汁（judge）机”；回家晚了就得吃“饭（范）冰冰”……真搞不懂这货的脑子是什么做的，怎么有这么多鬼主意，不过我喜欢。

或许是老天爷觉得我的人生只是这样就过于美好了。2011年，正当我和大头在哼哧哼哧考GMAT，准备essays，憧憬着两人在美国读MBA吃大汉堡的时候，我突然被诊断出小脑畸形合并脊髓空洞症外加间盘突出。现在还记得当时某院骨科医生的神情：这病很麻烦，等着瘫痪吧，不如去烧香。我一下懵了，坐在医院门口呆呆地等大头来。看到大头的一瞬间就完全崩溃了，号啕大哭语无伦次。后来的半年，就是拿着我的核磁共振片子跑各种医院，看各种医生，心力交瘁，感觉就快要放弃了。记得在华山看脑外的时候，医生跟我们说最好的方案就是手术，但鉴于我还没有孩子，也不确定这个手术的效果，我们需要做好心理准备可能就是不会有孩子了。我还没有说话，大头很坚定地跟医生说：没关系的，手术方案一定要医好大人，孩子有没有无所谓。我心里瞬间涌起一股暖流，没有嫁错人。我一定要坚强，一定要乐观，这样才有希望！

最后的开颅手术还是选择在美国的Johns Hopkins医院完成。七个半小时的手术，我一点都不紧张，临进去的时候我对着大头比了个"V"，大头轻轻地吻了我的额头。手术很顺利，当我在ICU从麻醉中醒来的时候，看到了一张笑脸和一个大拇指："嘿嘿我真棒！"更加痛苦的是麻醉过后的漫长恢复期，美国饮食的不习惯加上各种并发症，我得了严重的术后焦虑症，甚至有一次呼吸急停送到急救抢救……可现在回忆那段日子，也没有觉得有多苦，回忆里反而充满了很多欢乐和感动。要不是那个天天想着办法哄我开心给我加油打气的二货，怎能有满血复活，现在每天耍宝、屁颠颠的小花。

现在的大头，也成了我的同行，每天过着苦逼咨询师的生活，经常半夜三更拖着疲倦的身体回家。但无论在世界的哪个角落，我们都一定会在睡前互道晚安，会一进家门就给对方大大的拥抱，会在对方沮丧时呐喊助威，永远都知道累了有个肩膀可以依靠。如果我可以许愿，我希望我们不要大富大贵，但一定要健康快乐。等到我们老了那一天，还能一起追NBA球星，一起YY豪车，一起花痴美女，一起讲冷笑话，一起恶搞我们的娃。

我来自一个名不见经传的小城市，过着普通得不能再普通的生活，和大家一样在辛苦打拼。但我常说我是在爱中长大的孩子：亲人的爱、老公的爱、朋友的爱。我坚信爱的存在，爱的美好，爱的力量。学会被爱，以及爱身边的人是一种你无法想象的强大的能力。感谢大头，让我有幸有这种能力。

后记：

一直没敢写我和大头的故事，总觉得是在晒幸福秀恩爱，而且也很怕高调的感情最后万一……就糗死了。鼓起勇气写这篇文章，希望大家能够感知到一点点这个世界上美好的东西，都能找到自己的幸福。这张照片是当时在美国手术恢复期严重失眠，躺在床上心情烦躁，大头用橡皮筋搞怪逗我开心，我憔悴的梅超风造型不忍直视。

后后记（闪闪）：

“一手烂牌打出精彩人生”是我对小花的印象。从客观角度说，小花的牌不能算烂：同济研究生、父母双全、家庭正常，毕业就进了高大上的咨询公司。但在麦府小圈里，真的不能算好，最多资质平平。我八年前第一次带她做项目时，面对这个穿着土气、英文口音奇怪、没见过世面动辄大惊小怪、只会用功死磕、独立创新有限的小朋友，虽然照顾，但态度是俯视的。

八年后，小花的人生从外观来看也没什么特别精彩：有车是国产车，有房是上海郊区房，有老公是（尚）未成为成功人士的老公，升了经理可是花了那么多年……但她是我最敬佩的人之一。她会在80小时的工作周后去钱柜把所有苦情歌都唱得搞笑无比，会在被公司近乎欺负对待时仍觉得那是自己的家，会在等待做手术生死未卜的日子里满世界玩，会在疼痛是常态靠止痛药度日时仍不忘找A&F的半裸帅哥合照……她是我认识的最傻、最二，却也是最快乐、最有福的人。她亦是我最羡慕的人之一，因为她有绝对的、无条件的帅哥大头之爱。

我要的幸福

文|完美组合

前几天和闺蜜聊起来，我们现在所处的正是当年小姑娘时最痛恨的那个年龄组：那时候周末回家挤公车时，最怕就是那些中年女人，张牙舞爪地把我们占座的书包用大屁股往边上一挤，甚至就那么坐上去。你跟她理论说“这是我占的座！”人家拿眼角夹夹你，嘴角一撇，说“占什么占，谁坐了就是谁的！”看着那副疲惫、懒散以及气势汹汹的阵势，真真让人恐惧！

十多年前去美国前很迷茫，不知自己追求的是怎样的生活，幸福在哪里。当时超爱听的孙燕姿，印象最深的就是《我要的幸福》这段歌词，觉得既然看不到那么远的幸福是什么样的，不如就走好每一步，做好每一个决定，善待每一个人，让每一天都不会后悔。

就这样走到了今天，感谢上天眷顾，让我拥有所有这一切，是我十年前不曾想象的充实、扎实和真实。如今，被岁月夹带着、推动着，自己也来这个年龄组报道了。只希望能够更加睿智、诚实、坦然地面对岁月带来的一切，包括希望中的辉煌、成功、优雅和精致，以及现实中的平凡、忙碌、琐碎和普通。

我没有公主命，从小就不是很看重过生日。能记得的生日有那么几个，啰嗦两句，讲讲我对幸福的感悟：

2003 年的生日，在美国读书的第一年，正当芝加哥的寒冬，“9 · 11”后的美国就业环境一落千丈。我奔着去华尔街投行的目标，把时间和精力都放在了纽约。屡试屡败的投行面试、远离家人的无助、让人抑郁的漫长寒冬，一切都让我倍受打击。生日那天朋友们准备了一个 surprise party（惊喜派对），满满一客厅，30 多人，黑白黄各种肤色，一个同屋自制的巧克力蛋糕，一个大家集资买的卡拉 ok 机，让我感动的同时顿悟到，也许没有得到心仪的工作机会，短期是小小的失败，但是收获了知识、经历和友情，带来的价值是长久的，谁说这不是幸福的人生？

2006 年的生日，刚生完依小土，正是全家适应抓狂的状态，和产奶斗争，和月嫂斗争，和各种莫名其妙的情绪斗争。老公也刚刚升级当爸，各种灰头土脸胆战心惊，于是把我的生日彻底忘了。在我期待了一天没有得到生日问候（更别提礼物）后，爆发一场大哭，理直气壮地宣泄下月子里产妇的抑郁！老公半夜从家里祝贺生娃的鲜花里折了一只送给我，握手言欢。其实特别的一天里有没有礼物和问候真不是那么重要，重要的是他有没有关心你，是不是吃好睡好，不受委屈，是不是每次夜里我喂奶时爬起来看看有啥可帮忙的，是不是出门的时候把娃儿臭臭的尿不湿捏着鼻子拎出门扔掉……

最近有次闺蜜问我怎么保持对老公那么尊重，我说："他对家的贡献重要不重要？他做的贡献你能不能做到？如果一个 yes（是）一个 no（否），那就没啥可说的！"老公几年如一日地接送俩娃，推掉大堆玩伴的邀约，在我出差的时候代我关照我的父母，在我要反驳婆婆的一刻开口把我想说的话说出来……这些都是让我幸福的重要因素，而我绝不敢夸口说能做到跟他一样好！

2013 年的生日，全家去马来西亚沙巴度假。我无知无畏地安排了去美人鱼岛，坐了 40 分钟的海上快艇。结果岛上卫生条件不好，一个孩子发高烧，老公自告奋勇照顾俩娃，鼓励我扔下他们去玩深潜，这对于一贯不好意思撇下他们独自去耍的我实属"意外的幸福”——那天的轻风白沙，成功深潜，看到海豚逐浪海中，让我觉得自由不再遥远，而是随着孩子们长大慢慢地又靠近了！

感谢生活中每一位过客和那些陪伴我走一程的亲人们，你们用自己的方法让我成为更好的自己，更爱现在的自己——继续全心去爱，努力工作，拼命玩耍！

换心人

文|伊森蜀黍

序（华章）：

美文来自上文提到的外科医生伊森蜀黍，和爱玛结婚七年，两个女儿的爸爸。文章如此之好，以至于有读者充满疑问地说：写这么好的文章，这外科医生靠不靠谱啊。

和她在一起时，让她感到安心；和她在一起时，让她看到自己生命留下的痕迹；和她在一起时，让她闭上眼睛全是美好的回忆；和她在一起时，她是最美丽的公主；和她在一起时，让她的内心中充满了人世间的真善美。这是只有我们两个才知道的小秘密，是我们两个爱的结晶。

人常说，家是我们宁静的港湾。不论经历了多大的风雨，打开家门前一定记得掸去身上的灰尘，脸上挂满自信的微笑，不带入一朵乌云，一丝风，一滴雨。因为港湾里有爱你的人们，他们需要的只有欢乐和幸福。

作为医生，我听到最多病人家属的要求就是：请不要告诉她/他。多年后再次相遇，很多人会告诉我，那是他们夫妻间最快乐的一段时光。虽然充满了善意的欺骗，但是谁都不愿意去戳穿它，两个人那么精心地呵护着它，像两个孩子，小心翼翼地保护这空中飞舞的肥皂泡，看着它反射着美丽的光芒，傻傻地笑着……

生命是一种偶然，没有意义，没有方向。要不是几百万年前彗星撞了地球一下腰，哺乳动物至今可能还是恐龙的一口小菜，不会出现人类，也不会有你我在这讨论爱的问题。两个人在一起最根本的任务就是克服恐惧，让童话继续。

所以，如果你爱她，请用最美丽的谎言安慰她，让她忘却人世间的忧伤；如果你爱她，请带着她朝着太阳的方向奔跑，不要让黑暗和恐惧追上她；如果你爱她，请记住，呵护她就是呵护自己的心，因为从见到她的那一刻起，你们都成了换心人。

创业者家属——梦想背后的故事

文|闪闪

特别想写这个话题源于半年前。当时网上有个热门帖子叫“一个创业者给妻子的一封信”，据说“上百万人转发”“一定要看看”。说的是一个创业者在深夜对妻子的深情道白，说自己为不能给妻儿提供富足的生活而愧疚，为忙碌不能陪伴妻儿而痛苦……

看了这文章，我只有一个感受：这是没创过业的人写的吧。因为它太像没在职场打拼过的人幻想的办公室政治，太像没发财的人意淫的豪门生活——用张爱玲的话来说：“全然不是这回事”。的确，创业者通常不能给妻儿富足的生活，也通常非常忙碌少有时间陪伴家人，可是——“全然不是这回事”。

那么是怎么一回事呢？在谈观点之前，想先谈谈我谈这个话题的资质。我不是创业者，而是创业者家属，“被创龄”两年半。因为老公创业之前在 VC 圈，我自己也曾服务硅谷北京的科技企业数年，所以认识的创业者少说几十个，其中比较熟悉的有小十个，从刚开始到 IPO 阶段都有。另外，我还有几个闺蜜，作为创业者家属“被创龄”三到六年不等，其中一个还管着一家全球高科技巨头，中国的“创新企业孵化器”。提起这个话题，无论是个人体验还是行业观察，我都一样深有感触。对于上面那篇不痛不痒的文章，都恨得咬牙切齿。

这个话题，我源于个人亲身体验，除此之外或近或远有三十个以上的数据点，我的采样不具有随机性（如都是科技界，没有大学生，等等），但我相信我的观察至少代表了很大一群创业者和他/她们身后的人。

以下是作为创业者家属的我的观察：

创业动机：创业者中有谁是为了给老婆孩子更好的生活而创业的？回答是：没有，一个都没有。创业者当然挣了钱也会让老婆孩子享受更好的物质生活，但这最多只是副产品。相比在马路边摆个小摊卖卖早点，买几辆面包车搞搞运输，开个淘宝店贩贩衣服的创业者，我还真没见过哪一个科技行业创业者的原动力来自于此。

一个原因是大多科技创业者无须创业也能养家糊口，甚至养得很好。他们通常是干着原来的工作就能买房买车，出国旅游，供娃读书的那群人。如果只是为了从帕萨特升级宝马，从橘子换到四季，让老婆从用Coach改拿爱马仕，这逻辑不是完全没有，但驱动力真的不大。何况他们中的很多人，如果老老实实待在原公司就能安享小富小贵，在家5A写字楼，出门商务舱，处处有人照看着，做什么都有个大公司在后面撑腰壮胆，何苦为了再多点富贵舒适去受创业的苦？

另一个原因是大部分创业者家属是不需要被养的。这也许是选择偏差（selection bias）：动过创业贼心的人很多——谁没有过看到二十岁的亿万富翁，读着名人传记，用着科幻片里的产品热血沸腾的时候？但真有贼胆做的人就少多了。做这样一个人生大选择的时候，大部分人都会问问自己：如果我数年没有收入，甚至要拿出积蓄投入创业，家里能（以已经习惯的生活方式）过得下去吗？因着这个问题，我亲眼看到很多人叹气作罢了，特别是家里有全职太太的人。实际创业的群体家属团们常常实力强劲，至少能自给自足。

不为养家，创业者图的是什么。我看到的有如下几种，不分先后，比例相当：

财富：挣钱，挣很多钱还是很大的驱动力。但创业者贪图的常常不是物质生活的富足安逸，而是“财富本身”及、（或）它带来的“自由”、“成就感”。

荣耀：成为励志故事，成为大大小小的传奇，被人敬仰膜拜。

对科技的激情：爱新事物，爱 Gadget，去拉斯维加斯 AEE（色情娱乐行业年会）和 CES（消费电子产品年会）撞日必看后者。

做有意思的事：与志同道合的人在一起，不受朝九晚五约束，做自己想做的事，用自己喜欢的方式。

想给世界带来点影响：人生短暂，白驹过隙。总有想留下点什么，比自己更大更长的愿念。

以上种种，独立或混合，统称梦想。这个尽管被经常滥用，反复曲解，商业化到无以复加但却仍奇妙美好让人无限向往的词（另一个这样的词是“爱”），成就了很多精彩，但也带来了无数的苦痛。

创业者家属的痛苦：

一、任你是女神天仙，也败给这个叫“梦想”的东西。

你的另一半不好意思因为挣钱而忽略你，不好意思玩 gadget 而忽略你，不好意思和哥们儿侃而忽略你，但当这一切都上升到梦想的高度，你就只能认命顺延了。这不是时间分配的问题——比如我们可以每天工作十小时，陪宝宝两个小时——清楚地知道宝宝比一份工作重要。在创业这件事上，你输掉的是你最在乎的人心里最重要的位置。

我的一个闺蜜说得好：“老公创业就像在家里出现了第三者。”不同而令人绝望的是：他对这小三有着对任何女人从生物学角度不可能持有的长期激情，朝朝暮暮，魂牵梦绕。而且这小三比你更名正言顺，比你更能登大雅之堂，更受世人倾慕支持。最可怕的是，这小三定义了你的他，成了他的一部分，让你满怀怨恨却无从打击。

二、陪伴一个人的艰难之路。

创业开始难：从职责清晰分工明确到所有的事都是你的事，所有的问题都是你的问题；从嫌弃国贸写字楼旧到在小平房里办公半夜赶老鼠；从抱怨清华毕业生创新不足到找个会计做账都难；经历产品上线前一晚服务器 down 掉的绝望，资金撑不过下个月是常态，原以为相濡以沫的合伙人说走就走了……

更艰难的是经历拒绝——被客户，合作伙伴，员工，投资人……尽管理智上明白访问一百个客户得到一个订单就是成功，见二十个投资者能拿到一个 term sheet 就是幸运，但一次次的心怀希望，彻夜准备，长途而去，又一次次被拒绝，再被拒绝，再被拒绝……对人的自信和信念，尤其是那些从小优秀心高气傲的人来说，真的是毁灭性的打击。

创业的人难，陪伴的人一样艰难。面对一个处处受挫内心波折的人，说或不说什么都是错，做或不做什么都不对。这种心疼、委屈和愤怒混杂的情绪，只有经过的人才明白。

公司有幸成长壮大了，可以搬去好些的办公室，招多些人，做多些的业务，有多些的钱。唯一不变的是：每天都会有问题，不一样的问题——从树大招风有人告你侵权，内部有人做假账骗取资金，上市前一晚股市狂跌要你拍板半价上还是不上，到需要把多年相濡以沫的哥们儿从团队踢走，甚至承认自己已经没有能力再管理这个多年来心血浇灌的基业而不得不退……

选择了创业，就是选择了一条艰难的路，一条即使精彩也绝不容易的路，为自己，也为自己身边的人。

这样艰难，这样痛苦。有时我会想，为什么创业者要选择创业呢？为什么包括我在内的家属团会选择支持他 / 她们，明知这于我们温馨甜蜜小生活的理想完全背道而驰？

有时我会想起毛姆的小说《月亮与六便士》。故事基本忠实于画家高更的一生，写一个在银行工作的中产阶级中年男人突然背离了勤勤恳恳养家糊口的正路，抛家弃子投身画画。颠沛流离疾病困苦伴随他创作的终生，直至最后因麻风病死在太平洋的一个小岛上。在书中，好友问他：“你为什么选择这样做？”回答是：“我必须画画，就像溺水的人必须挣扎。”

我多少觉得创业者的选择里也有这个成分：那就是无从选择。性格决定命运，当你的身体里流淌着不安分的血，有着对财富、荣耀、科技、有趣、有作为其中任何一项强烈的渴望，同时又碰巧有点不走平常路的胆量，你就一定会做点什么。你能选择的只不过是时间和方式。

作为创业者家属，我亦无从选择。因为我爱你，尽管我不喜欢不能霸占你心里最重要的位置，不喜欢每天充满问题的生活，但我爱你身上那不安分的血，爱你渴望一件事能付出的强度和执著，爱你不走平常路的勇气。

因此，你选择追随梦想。而我，选择追随你。

大河弯弯

文|源泉清澈

序（一诺）：如果让我只用一个词来形容麦府的同事源泉清澈，不是多情、敏感，也不是丰富的内心世界，而是“勇敢”。

在如今这个硝烟鲜见的年代，勇敢成了一种隐性的特质。芸芸众生，着急火燎地奔着前程，不自觉中忙着赴死。但有人会在这赴死的洪流中，停下，转身，一遍一遍地拷问自己，我是谁，我要什么。有人会在这洪流中逆流而上，抛了世俗的所谓成功，把自己内心最真实最柔软的部分掏出来，捧在手里，给她在乎的人看。

洪流的冷漠几乎是必然；爱的人，也终在捧着的心上，刺了口，撒了盐。但她在这赴死的洪流中，一直在生，在勇敢地生。

“望着大河弯弯，我终于敢放胆，嬉皮笑脸，面对未来的路和人生的难。”

上周日在李宗盛的现场音乐会上，看到了熟悉的自家小区经贸的剪影照片，是他也是我在北京生活的地方。我知道他住在那里也有些年了，从没遇见过他，但门口的出租师傅不少都拉过这位老男人去他在东关的吉他工厂。他说起城乡结合部艰辛讨生活的异乡人们，站在小区门口的公交车站（那是进入通州区最大的一个集散点），一切是如此亲切熟悉，包括那种悲悯的感觉。

奇怪的是，我迷恋了他 20 年，这是我第三次看他的现场演出了，却从未想过到50米外前面那栋楼的门洞旁等他，截他，搭讪，求认识，求签名？是我已经老了，不再用年轻人的方式追偶像，还是我只是活在他的歌声中？二者皆有吧。

18岁那年，坐着硬座来到中科大，一个全民屌丝学霸云集的地方。某日风和日丽，躺在屋里楼前的草坪上，听一个重240斤的大胖子唱《爱情少尉》和《鬼迷心窍》，唱得超难听。我问："那是谁的歌？"他鄙视地看着我："李宗盛啊！这都不知道，哪能进科大?！"我听得有点惶恐。不过青春期跟不上愤青潮流的惶恐马上就消失了。在入学一个多月后的雨夜，跑到学校外去看万人空巷的《霸王别姬》，听到《当爱已成往事》那句变调的"忘了痛或许可以，忘了你却太不容易！"彻底被击中了。转天上黄山路的音像店把他所有的磁带都收了回来，从《致单身女子的生活》，到《那一夜我喝了酒带着醉意而来》，当然还有《凡人歌》和《寂寞难耐》，似乎句句都唱到心坎里，尽管那时我还不曾真正恋爱过。

在那年系里的新年联欢会上，我和一个姓王的大五师兄合唱了《当爱已成往事》，那是一个明朗热情的大男孩，在学校最后一年至少追过我们年级三个姑娘，被我们嘲笑说是"屡战屡败，屡败屡战"的爱情少尉，他也不恼。后来终于征服了与我同宿舍一个很文艺、尖锐、独立的姐们，最后终成眷属。其实王师兄很讨女孩喜欢，我有时会想他那时为什么不追我，同他关系一入校就颇好，只是我一副哥们义气、万事全能、女汉子的德性，从来都不被同等大度义气的男人看出性别差异。

喜欢林忆莲的时候她还在唱粤语歌《依然》，比知道李宗盛早。当我听到他俩唱这首歌时，心里就有些奇妙的感觉，觉得那应该有点什么的。隔了一年，李宗盛出了专辑《不舍》，因为和林忆莲在一起，离了婚和离开两个孩子。二十岁的我那时不能理解这种种新欢旧爱拖儿带女的牵挂，心想：爱就爱，怎能如此黏糊？直到我后来的生活比这还恍惚、黏糊、纠结、绵延，我才知道这种事情是一辈子无法开解的死结。那首歌也一语成谶，姑娘唱道："人生没有我并不会不同"，李宗盛说，分别以后很多年连回到上海的勇气都没有了。

尽管如此，金风玉露一相逢后的林李两个人还是过了一段无比甜蜜的好日子的，这从李宗盛为林忆莲写的歌中能听出来，那时候李宗盛似乎是林忆莲的专属词曲作者加制作人，有了《爱莲说》，有了《铿锵玫瑰》，有了第一个上榜"billboard100"的华语女歌手。就如同在爱情的悲伤中会共鸣一般，也只有在爱情的甜蜜中才能句句滋润心灵。在爱得无间的时候，我总会抚着爱人略有几根白发的鬓角唱"直到感到你的皱纹有了岁月的痕迹，直到感到你的发线有了白雪的痕迹，直到视线变得模糊，直到不能呼吸，让我们形影不离。如果全世界我都可以放弃，至少还有你值得我去珍惜，而你在这里，就是生命的奇迹"。听完后男人说："在我年轻的时候，觉得要是有个姑娘肯真心对一个男人唱这首歌，该有多么 amazing 啊！"

现实总是比臆想残酷得多，尽管我一改本色，洗心革面，温柔真心地唱着走调的歌，恨不得放弃了全世界，求神拜佛一起去了一个又一个转世圣地，却也没能换来奇迹。我这才深深理解到李宗盛那时必须离去和写下的《不舍》，是怎样一种心情。没有奇迹，是因为我们不再十八岁了吗？人到中年，看似为了除自己以外的各种人等活着奔着，本质上人其实最爱的还是自己，在亦真亦幻中的灵性联结下激发出完全不同的另一个小宇宙，不再女汉子，温柔如水，情人眼中独自美丽，让彼此激动怜惜更加努力更有勇气。我也没法免俗，面对情爱的挑逗，命运的左右，不自量力地还了手，甚至还有点至死方休的节奏。

昨夜，李宗盛说，五十岁后，才真的放松了，谈性的时候不纠结，有那么多姑娘吸引他，给他灵感，写出一首首镜头感极为丰富的情歌。“陌生的城市里，熟悉的角落里，也曾彼此安慰，也曾相拥叹息，不管面对什么样的结局。”是什么让人不管不顾飞蛾扑火呢？人们除了苦苦追求对力比多的释放，更高的境界应该是那种接纳、联结和臣服吧。做爱的本质是对另一个人的完全开放，不防备不抗拒，全然信任，彼此给予，释放欲望，做最真实的自己。上帝造人，一分两半，而美好稳定的性爱本身就是生命的奇迹和见证，这是没法自欺欺人的一件事，也足以让人明心见性。

为爱受委屈，不能再躲避，在奔四的路上，使尽所有力气，全心全意地爱了，本身也得算一种恩典和福气，让大多无爱的人们艳羡不已。“也许我太性急，没看到你眼里的犹豫”，真实的生活中，恋爱是容易的，结婚是困难的，决定是容易的，等待是困难的。人到中年，背负的绝不仅仅是爱情了，往日恩义，儿女情长，道德责任，外在形象…… “想得却不可得，咱耐人生何”。“情爱中无智者”，如何能不悲不喜，不怕不悔，不狗血不负疚，中正大气地活出自己，还真不太容易。有一点是肯定的，唯有面对满身狗血，认出自己种种的人性卑微和爱中无我的时刻，才能放下幻象，原谅自己慈悲他人。翻搅在两个人甚至三四五个人的世界里，取舍衡量，牵绊纠缠，自欺欺人，死死抓住各种眼前既得，是没法子真的离苦得乐的。只有真的受了罪吃了苦，在痛苦中独自内观，照见臣服领悟，才能真正和这个世界和解。

李宗盛说失婚的男人和失婚的女人一样可怜。千真万确，敬请不要轻试。像小李子一样把卧房中的种种活动换成厨房中的种种活动还真不是我擅长的，在每一个寂寞难耐的夜，爱恨还在翻墙，或是被它的余威扇耳光放冷枪时，无法睡去，只好去刷刷微博，刷刷微信，做做“粉刷匠”。人说在沉睡中才能连接灵魂次元，睡不着的人，噩梦中痛苦呻吟的人，都得是没法身心合一寻不到灵魂的主吧。当夜夜睡得安稳时，灵魂也就不再孤独地咆哮折腾了。

既然青春留不住，人总要往前看。李大哥后来一个人去北京通州区做吉他，成了我的邻居，而我也撑不下去，经历了一场又一场的心碎之后，离开通州，又回到帝都，打算找个最实惠的解脱，挪个窝换个高大上多金让人艳羡的职位，拍拍屁股老娘不玩了。一脸矜持地微笑退场，把自己卑微内心投射出的所有冷漠和评判甩在后面，仿佛不曾咬和被咬过。我笑言那是“以新换旧”（strategy），然而跟我去听演唱会的统计学博士姐们说：“你怎么能用新工作换旧感情呢？这两样不匹配不科学！”扭头她又说：“你为什么那么要强呢，一副不需要旁人帮助的样子，你为什么不能像正常的女人一样有正常的反应呢？”我当下愕然，还真分不清正常和不正常的界限。

因为不安而频频回首
无知地索求
羞耻于求救
不知疲倦地翻越每一个山丘
越过山丘才发现无人等候
喋喋不休时不我予的哀愁

当一个人内心背负着种种道德的枷锁，即使爱得痛得死去活来，也是觉得见不得光的，更何况在充满左脑思维的理性世界，种种出格情绪算是一种羞耻，所以只能自我探索，耻于求救，翻越一个又一个山丘，让自己变得更忙/盲。当离别终于来到时，我发现自己内心是如此不舍，更换来各种意想不到的挟着酒精打开内心的联结，各种爱与痛，各种卑微、执著后的拈花微笑，敢情我并不是独一个的奇葩。那些听闻我要离去，刨根究底提出尖锐问题，以此抚慰我受伤心灵的，都是坚强的女神，让我心生羡慕，颇想与她们再次为伍。想起了那本《相约星期二》，莫瑞教授在活着的时候为自己举办了一场葬礼，来听大家对他的赞美和喜爱。如果失恋和离去是一种死亡，那种种关爱的分享就算是葬礼上的悼词了吧。我是如此幸运，能在没有真的死去之前就听到这些美好的话，真心觉得这可以来得早一点，再早一点。不过要把自己不完美的脆弱人性剖露出来安抚别人，是多么有勇气的美德啊！不经历风雨，怎能见彩虹，这苦难中看到如此多人性光辉，真算塞翁失马。

“望着大河弯弯，我终于敢放胆，嬉皮笑脸，面对未来的路和人生的难。”如果高大上地离去还是为了逃离眼前的艰难，坚强给别人看，回归自己，什么是最重要的，什么是最本真的。最近不断听闻各种人生病、逝去，当然还有昆明火车站和马航种种悲剧，觉得人生好短暂无常，所以每一分钟都应该活得真诚，活出自己。扪心自问，没有外界各种干扰诱惑，希望心下自在，我得怎么办呢。想明白了也简单，就是面对问题，不闪不躲，活出自己。

“岁月你别催，该来的我不推，该还的我还，该给的我给。岁月你别催，走远的我不追，我不过是想道尽原委。”二十年里，好邻居李宗盛的歌让我知道人生本来大同。经了事就不再怕事，各种真诚可爱的亲友们让我知道感情的事你我都脆弱。在昨夜李宗盛的歌中，我终于又和自己在一起，于是迅速扳正三观，坚定回头，把丢了的事和人都捡回来，做该做的事，做该做的人，完成未完的事业，最后还要如愿见着自己想象中的此生不朽。

宝贝，妈妈教你谈恋爱

文|闪闪

我有一个女儿，三岁半。“第一个孩子看书养”，我和老公作为读了很多年书的 nerds（“书呆子”），更是买了大堆育儿书籍，拿出学术研究的精神，乐此不疲。常常在家里忙于阅读和讨论，忙到没有时间顾及宝宝。先是研究智商（IQ），然后情商（EQ），然后关系商（RQ）；从基因遗传学看到营养学，再看神经学、行为学、心理学、教育学。突然有一天，作为妈妈的我发现很少有书谈及怎样教孩子谈恋爱，而这又是如此重要的一个话题（尤其是对女孩）！于是写下一点感言，开启我家宝宝爱商的教育。

恋爱原则有四条：

原则一：早早恋爱，多多恋爱。

原因有三：

其一：陷入爱河需要无知无畏的勇气，辅以荷尔蒙的冲动，最好还能够被 easily impressed（容易“轻信”）。这些素质都和年纪都不幸成反比。所以你越小，爱的能力就越大，哪怕爱的是错误的人，用的是错误的方式。妈妈有很多白富美的好友进入了黄金圣斗士阶段，尽管她们大都性格随和不挑剔，但事实是：对于一个游历过半个地球，住好房开好车，有品位有修养，懂红酒搞灵修的女子来说，陷入情网是很困难的！所以，恋爱要趁早！

其二：没有人真的知道自己的 Mr. Right 是什么样子，就连迪士尼的公主们最近都承认常常会看走眼（记得你最爱的《冰雪奇缘》和《青蛙公主》吗）。你无从预计未来会遇见谁，有怎样的对白，无法知道什么必须、什么可有可无。妈妈小时候条件艰苦，只有逢年过节才能吃只鸡。最爱鸡翅膀的我认定“有一天一定要嫁个把鸡翅膀让给我吃的人”，并坚信这种行为里包含的富足、体贴、宠爱等一系列情愫。十年后我去美国留学，天天吃4.99美元两打的肉鸡翅，才明白这想法有多不靠谱。因此，别太早下结论你要的是什么，多谈谈恋爱，在对另外一个人的渴求、欣喜、失望、愤怒等种种情绪的试错中慢慢发现自己，发现自己要什么。

其三：早早开始练手，年纪轻轻就可以修得高段位。当 Mr. Right 出现的时候，那你不仅会爱，还懂得怎样爱，怎样相处和相守 。

原则二：选择自己爱的人 ——别相信“选择爱自己比自己爱的人要幸福”这种鬼话。

一个对你好的人最多好到可以给你早上买豆浆油条，晚上揉脚捶背，家务全做，钱尽你花，招之即来，挥之即去。但是你会得到什么呢？你会得到豆浆油条，揉脚捶背，不用做家务，可以乱花钱，还有一个招之即来挥之即去的跟班。

有另外一个人：他一个微笑可以让你快乐一天；他送什么礼物都是对的礼物；跟他去哪里都是好的去处；他为你开启一扇门，让看到你从来看不到的世界；他并不围着你转，却让你幸福得想叹息。这些，都是只有你爱的人才有的力量。宝贝，并非要你不感激对你好的人，但别为此就折服了自己。

原则三：爱他的好，就要接受他的不好。

再相爱的人也会争吵，也会有不满。有幸牵手终生的人也会经历七年十年很多痒。吵架时多想想爱上他的时候，爱上他的原因，你会发现大部分时候他并没有变。

曾经在杂志上看到一篇文章，一个新妈妈抱怨老公不再爱自己了，因为他兴趣广泛：玩电游，踢足球，爱交友，就是不懂得做家务照顾孩子。毒舌专栏回复问了一个很有意思的问题："他以前不是这样吗？""是他变了还是你变了？"妈妈无意鼓励男人不做家务，只是想说：女孩成长的过程中需求会有改变，笨笨的男孩成长得要慢，常常跟不上。别因此灰心，因此觉得对方不爱你，给他一些时间和耐心，让他成长进步。

还有更极端的。如果你长大了还知道乔布斯是谁，你那一代还把他当偶像，你可以看看《乔布斯传》，看看这个无比天才、无比迷人、无比有领袖精神的男人有多少伤人心肺的臭毛病。如果你爱他，并有幸或者不幸和他共度一生或一小段时光，那你别无选择，只有接受他的不好，因为你爱他的好。

另外一个小技巧，帮助你接受爱人的不好：相爱的两个人无须生活完全重叠，爱和快乐也不需要完全从一个人身上来。宝贝，完全没必要把太多的需要混在一起，强加在一个人身上。除了性以外（等你长大时也许连这也没有广泛的独家性了），很多快乐可以在你们俩的爱之外获得。如果你未来的那位是个害羞的书虫而你活泼好动，你可以和朋友爬山，和闺蜜八卦，自己逛街乱花钱，和妈妈或带上你的女儿去旅行……

原则四：像对待宗教一样对待已经稳定的恋爱关系（不管婚否）。

像大部分中国人一样，妈妈没有宗教信仰，但是有一个词我一直非常喜欢：Faith（信仰）。词典的解释是：strong belief or trust in a religion, someone, something that is based on conviction rather than proof。宝贝，你外公曾说"找对象时要睁大眼睛，过日子要闭上眼睛"，多少也有点这个意思：没有原因，不需证据，只是相信。

一旦选择了他，就好好爱他，信任他，支持他；不要考验他，折磨他。把两个人珍贵的时间和精力用来干什么都好：境界高可争取改变世界，境界低就在家看韩剧烤蛋糕享受小生活，或者与世界打拼争夺资源混个土豪当当。千万别天天猜忌内斗，驯服了夫婿，丢了世界。

妈妈还要给你两条技术小建议：

一、要漂亮。

漂亮的方法和风格可以自定义，但是要漂亮。不仅因为男人大多是视觉动物，在温柔贤淑和开朗大方之间常常会本能选择胸大腿长的那一个。更重要的是打扮漂亮会给自己带来爱的气息，让自己心底柔软容易开启，让对方感到被尊重和重视。

二、找“structural hole”（“结构优势”）出彩。

拿妈妈做例了：理科女生读文学专业，大学毕业混战投行，MBA后做咨询，从大庆石油钻杆到泰国百货店人力资源的项目都做过，积累了很多“一辈子可能都用不到的知识”。但妈妈得到的好处是：在文科男面前可以展示逻辑缜密，在理科男面前可以谈雪莱济慈，在美女圈里装有脑的，在女博士圈里就装美女。总之趋长避短，找到一个亮点晕晕他。另一个好处是：这样还方便崇拜（或者假装崇拜）另一个人的专长。这是降低自己的段位，但事实是小男生多半会喜欢。不信你明天和你们班的那个澳洲小男生说：“I saw the Spiderman Lego you put together. It is so amazing!!! I never managed to build 3 layers of plain wall.”（我看到了你搭建的蜘蛛侠。太震撼了！！！我从来不会搭到3层平壁高。）试试效果怎样！

写了这么多，最后说几句最真心的话：

宝贝，别把何人关于情感的忠告太当真，包括妈妈给的。每个人如此不同，我们对自己的心尚且无法测知，何况别人。妈妈不知道你会成长成怎样的女孩，会为怎样的男孩沦陷，会经历怎样的折磨，最后怎样定义和找到自己的幸福。我只知道就像一首歌里所说：“有一天你也会爱上一个人付出很多很多 / 你也会守着秘密不肯告诉我。”

在此之前和在此之后，宝贝，敞开心扉大胆去爱，别怕伤害，因为你永远有我们，最爱你的爸爸妈妈。

爱情是一种值得等待的信仰

文|Li

序（一诺）：徐莉是我的朋友和战友。她1994年入北大，2004年入麦肯锡，做过台前幕后很多职位。那天在麦肯锡北京办公室，我在那个狭小的“妈妈房间”里做奶牛的工作，徐莉在半掩的门外面，跟我说她和她那位老冯怎么“搞到一起”的，说得我真的不知该怎么为她高兴。看到她的文章，看到她写心里的那一团光，我眼泪就下来了。似乎能看到她和老冯并肩坐在未名湖畔的石舫上，听春风轻抚，依然是青春少年。

二十年，多少事，多少无奈和尘土飞扬的生活，但心里的一团光，是她的坚守。我在一段旅程里，见证了她坚守的不易。所以看到她的幸福，真的只有喜极而泣。

文章原题《19+1=幸福》。在北大昌平园1994级二十年聚会晚宴上，老冯说：“爱情是一种值得等待的信仰。”

2014年6月18日，是我生活新篇章的开始，我和我的大学同学老冯携手步入婚姻殿堂。不过别误会，我们并不是经过二十年的爱情长跑，也没有那么多的荡气回肠生离死别，我们中间经历了十九年几乎毫无交集的时光，直到再次遇到彼此。

二十年前，我在管院，他在经院，虽然经管两院可以算是亲兄弟，但是我俩并不算认识，也没有说过话，甚至没有印象深刻的碰面。这对于北大 1994 级的文科生来讲并不太正常，为什么说这不太正常？容我先介绍一点背景信息。

从 1990 年开始，北大、清华等大学被要求对大一新生进行为期一年的军训。我们 90、91、92 级的师兄师姐们全部经历过这一年在石家庄陆军学院的军训，直到 1993 年取消。到我们 94 级入学的时候，北大校园（我们习惯称为燕园）已经因为住了 90~93 的四届师兄师姐而接近满负荷运转了。鉴于文科生不需要实验室等硬件条件，学校决定 94 级所有文科生报到后即前往昌平分校。

昌平分校也叫昌平 200 号，当年从昌平镇往西，骑自行车大约半个小时，右手可见一条约一车道宽的小路，拐进去，路左手是麦田，右手是果园，再骑十分钟才能看见校门。整个校区依山而建，临山的一面并没有院墙。200 号校区不大，只有一栋主楼（教学楼和图书馆），一栋宿舍楼，一个小食堂和一个小小的公共澡堂。

这唯一的一栋宿舍楼叫 4 号楼，住着我们全体 630 多个学生和部分老师。一层是老师宿舍，两个老师住一间，大多是各班的班主任常住，其他老师每天早上和下午坐班车往返于昌平园和燕园之间。宿舍楼的二、三层住男生，四、五层住女生。开始的时候一至五层畅行无阻，女生从不敢在宿舍衣冠不整，也不敢在楼道里乱晾衣服，因为不知道什么时候就有男生来敲门了。后来，三层、四层之间西侧的楼梯口加了半截栅栏门，摆摆样子，其实起不到什么作用。男生经常跑到五层楼顶抽烟，约女生谈心，女生也经常到二、三层，抓壮丁干活，偶尔享用男生们自己在宿舍改善生活做的小灶。

大一本应该是最色彩斑斓的一年，本应该是我们疯狂吸收北大精神的一年，本应该是我们塑造世界观的一年。但是这一年，我们被困在这个园子里，每天只能往返于宿舍楼和主楼之间，过着我们称为“高四”的生活，去一趟昌平镇已经算是进城了。图书馆里有书，但是丰富程度远远不及燕园，关键是，除了比较有想法的少数同学外，我们根本不知道该读什么书。

交代了这么一大段背景，就是为了说明，94 级昌平园的这 630 多个同学，在如此一个封闭的小环境中，打头碰面厮混了一年，应该都是互相有印象的，至少应该觉得脸熟。而我真的想不起来，我曾经在昌平园见过老冯。后来知道，这也不能全怪我。他逃课，经常在昌平园以外的地方游荡也就罢了，最让人难以相信的是他居然没有参加跳集体舞的活动!

1994 年的国庆，是新中国成立 45 周年大庆。北京各高校齐聚天安门，跳集体舞为大庆献礼。北大的任务落在了大一新生肩上。我记得入学后的第一个月，我们是不上课的，每天就是集合起来学舞、练舞。那可能是我们认识新同学最密集的一个月。至今有两首舞曲我依然印象深刻，一首是《阿细跳月》，另一首是《纤夫的爱》。这两个舞蹈都有轮换舞伴的动作，女生被从本班换到隔壁班，从认识的男生换到不认识的男生。我知道有一对儿昌平夫妻档就是一直换到后来成为他老婆的那个女生那里就不换了。逃避跳集体舞的，自然也就没有这个机会。

后来据老冯同宿舍的男生讲，大一的时候，老冯床上书占的地方比他睡的地方大，经常有男生女生来找他借书。大一结束，老冯已经背熟了一百多本书的序言。可以想象，我们跳集体舞的时候，老冯就躲在宿舍里，狂背序言。老冯喜欢哲学，喜欢文学，喜欢心理学，而且曾经认真想过要从经院转到文科实验班（后被班主任喝止）。貌似和我这个高中学理科、没啥文学历史修养、最多只知道看《红楼梦》，后来只知道上自习应付考试的无趣之人搭不上半点关系。我想这也是我们当年不认识的原因之一吧。

大一一年，对我来说是手足无措的一年。没有燕园文化的熏陶，没有师兄师姐的经验，不管是在学习方面，在社交方面，还是在怎样做一个北大人方面，我都觉得无所适从。在昌平园我曾经收到过一封匿名信，里面有一句话我到现在还记得，他说我很高傲、很冷漠，加上我经常穿蓝色或者绿色的衣服，就像一座拒绝融化的冰山。其实我哪是高傲，哪是冷漠，我是不自信。面对来自全国各地的高考状元、榜眼、探花，面对那么多俊男美女，面对那么多学习好有才艺又有趣又八面玲珑的同学，我觉得自己一无是处。我不善于和人打交道，我觉得自己很青涩、很别扭。那个时候很迷茫，我是谁？我怎么混进这里的？我将来要做什么样的人？会到哪里去？所以走在路上的时候，我经常是眼观鼻、鼻观心，目光不太与路上的其他人接触。可能跟老冯仅有的几次擦肩，也被我这样错过了吧？

但是有时候错过真的不是坏事。我和老冯不止一次地庆幸，当年我们没有遇到彼此，没有在一起，否则很有可能会互相刺痛，落得一个不欢而散的结局。我们太了解我们自己。年轻的我们，骄傲、自我、任性、固执、挑剔、鲁莽、眼高于顶，容忍不了任何的不完美，觉得自己值得得到最好的人、最好的事。我们没想清楚自己要什么，也不知道什么是最适合自己的。为此，我们曾经左冲右突寻找自己的方向；为此，我们在后来的路上走得跌跌撞撞；为此，我们也许错过了值得珍惜、应该善待的人。但是也只有这样，才配得起青春年少、意气风发这几个字吧。

我曾经年少轻狂地对一个90级师兄说，我要在这个世界上留下些痕迹。这位经历过军训、已经算是老油条的大四师兄并没有嘲笑我，他微笑地看着我，好像看到了当年的自己。回想起来，这算是我第一次感受北大精神。认识这几位大四师兄，为我的大一记忆增添了一抹不同的色彩，让我初步接触了真正的北大。

记得开学不久，为了弥补我们在昌平的缺憾，系里组织我们回燕园听师兄师姐分享经验，我拉着同宿舍一个北京女孩（现在可称为闺蜜），挤过去找一个很顺眼的师兄（称为 A 师兄吧）聊天。A 师兄是江南人，高、瘦、面目清秀，温文尔雅且非常好脾气，跟我们聊了很多，还留下地址开始通信。之后，我们又回燕园找 A 师兄玩儿，认识了 A 师兄同宿舍的 B 师兄。B 师兄是北京人，个头儿中等，身板儿很结实，脸上总带着很阳光的笑容，又透着一股浑不吝的劲儿，一曲《灰姑娘》唱得颇有神韵。在燕园的时候，他们会带我们到老图书馆门前，坐在那巨大的松树下，弹吉他唱歌，也听其他人弹吉他唱歌。他们也带我们逛燕园，翻尾石鱼、花神庙、石舫，这些名字都是第一次从他们那里听说的。偶尔，我们会跟 A、B 师兄及其兄弟们去军机处的玛嘉利吃饭，点花生米，点蚂蚁上树，点水煮牛肉，点土豆丝，玩儿老虎棒子鸡拼酒。A 师兄是温婉型，输了微笑喝酒，从来不会喝醉，喝的稍多也不多话，只会用温婉的眼神凝视你。B 师兄是豪放型，喝多了嬉笑怒骂，大开大合，娇憨可爱。从他们的谈话中，我第一次发现北大人是如此有思想，如此有深度，如此有趣，如此与众不同。

大学的第一个新年夜，我们约好回燕园过。我跟着 A 师兄在他们班男生宿舍吃了火锅以后，A 师兄和他宿舍的 C 师兄带我去未名湖。未名湖的冰冻得很结实，小山上的新年钟声响过以后，很多人在冰面上点起蜡烛摆成一个圆圈儿，不管认识不认识，大家手拉手围着蜡烛唱歌、跑、欢呼。这时候我才稍稍体会什么是真正的北大。直到凌晨两三点，我被冻得不行，才跟着两个师兄潜回 28 楼，从一楼水房关不严的窗户跳进楼内。回到师兄宿舍，我们继续喝酒聊天。早上 5 点，喝完最后一瓶啤酒，我离开 28 楼直奔火车站，回家。按时间推算，那个时候的老冯，应该是一边苦读哲学著作，一边跟高中时候的初恋女友鸿雁传书，一边跟笔友切磋哲学问题探讨人生真谛，一边考虑转系吧。

大二回到燕园，感觉世界一下子在我们的眼前展开了。因为接触不同的人，选择不同的朋友，读不同的书，我和老冯继续向着两个不同的方向前行。可以想象一个远景镜头，在那几年的时间里，老冯贪婪地享受北大精神，挑选有趣的讲座去听，跨系听著名导师的课，和志同道合的朋友发起并组织社团，还时不时从大钟寺买回十几种调料在宿舍自己做重庆火锅以飨室友。而与此同时，在同一个校园里，我被我那时候的男友要求天天上自习，并被他鼓励要争取做学生干部，到有名的外企去实习。理由是：大四的时候排名靠前的可以保研，然后可以找一份好工作，而学生干部和在知名外企的实习经历在任何环节都是一个加分。如果目标是找一个普通意义上的好工作，这个方向完全没有错。甚至在二十年后的今天，这套逻辑和标准依然适用，而且我身边大多数人也是这么一步步走过来的。我始终感谢他，没有他，就没有我的今天。但是今天回头去看，我真的有些遗憾，我错过了北大最精华、最宝贵、最不可复制的部分，我只是得到了一张北大毕业证。我也深深羡慕那些早早地就想明白了的同学，他们清楚什么对自己更重要，并有勇气按照自己的想法去安排大学时光，去做自己想做和喜欢做的事。那时候的我和那时候的老冯，虽然都奔波忙碌于燕园，但是就像存在于两个不同三维空间里的两条线一样，几乎不可能有任何交点。

后来，我和老冯这两条线越来越远。老冯放弃上研究生的念头，毕业就去了深圳，不久就辞职下海，尝试做自己的企业，虽几经波折，但初衷不改。尽管夜深的时候他也曾经感叹：我这么一个喜欢哲学追求自由的人怎么会做了一个商人。但是他依然在坚持他的理想。他也一直没有放弃过寻找他的灵魂伴侣，虽然几乎妥协，但是最终决定坚守。而我，真的被保了研，在给导师当助教，继续在知名外企实习以及应付考试中度过了研究生时光。然后我真的在研究生毕业后在北京找到了一份还算不错的工作，每天工作十六个小时，忙得几乎麻木，忙得没时间去感受在自己心里的某一个小角落始终有一小团光。我一路按部就班，来不及拷问自己的内心，顺理成章跟谈了六年恋爱的男友结婚，然后跳槽、出国、婚姻出现问题、回国、离婚，走了一条俗得不能再俗的路。我曾经觉得自己在个人感情方面很失败，在每一个岔路口好像总是做出错误的选择。但是后来仔细审视自己，我才知道，我是因为心里那一小团光才做出所有这些必然的选择。这团光，是我的坚守。直到今年春节后跟老冯有了深入的交流，我才知道，原来有人的心里跟我一样，有一团光。

你一定已经发现了一个时间点——2014 年春节。我和老冯的对话开始于现在名为“昌平 200 号”的微信群。老冯后来说，他忙得一个月没上微信，刚一上来就看见我在抱怨大年三十下午还在公司加班，于是出于人道主义慰问了我一下。我们的私聊开始于大年初一，几个女生没抢到老冯发到群里的红包，老冯说没抢到的可以定增，其中一个女生跟老冯很熟，要求定增。我不知根由也跟着起哄要定增，结果就加了私聊发定增。后来我们断断续续地聊，渐渐地了解，逐步地认同。他在深圳，我在北京，微信是我们最初一个月的主要沟通方式。我们曾经开玩笑说：如果我们真成了，要给企鹅送块匾。但是真正连接我和老冯这两条曾经相距遥远的线的，其实是被我们好好呵护在心里的、永远都不会改变的那团光。这团光，是北大人的执着，对真善美的信仰，对现实的不妥协，是经过十几年的磨砺才逐渐体会的兼容并包，是那一年在偏远闭塞的昌平园共同生活的温馨回忆。在我们互相看到对方心里的那团光的时候，我们很欣慰，原来一切等待都是值得的。

老冯第一次来北京看我，我们去了北大。3 月的校园，太阳光懒懒的，空气里都是北京初春特有的甜味儿。尽管东门附近盖的新楼跟老建筑是那么不搭调，燕北园已经变成了一个尘土飞扬机器轰鸣的大工地，燕南园已经坠落凡间被征用为某些“办公室”，但是这里依然是我们心中的北大，我们仿佛从未离开过。尽管二十年过去了，发生了太多故事经历了太多无奈，但是当我们并肩坐在石舫上，看未名湖边人来人往，听风拂过树枝掠过水面的时候，我们觉得中间的二十年好像并没有存在过，我们依然是青春年少的我们。

当我和老冯的比较亲近的一些同学小范围知道我们在一起的消息后，大家的反应真的让我们感动。大家反复说的一句话就是：我又相信爱情了！当6月18日我们在香港注册的消息传到我们94昌平园500人的大群时，我们收到那么多的祝福和恭喜，那么多善意的调侃和玩笑，我们深深感谢大家。这些微信记录，这些情谊，我们会好好珍藏，成为未来白发时美好的回忆。

大家曾为我们感慨，致岁月，致青春，致爱情！我们想说，致我们永远的精神家园，致我们永远的昌平200号，致我们永远的兄弟姐妹！

那些离婚教我的事

文|autumn

我十来岁的时候，坐在上海市二中挂有蓝色窗帘的教室里，在老师眼皮子底下，和边上的女孩子们飞快地用笔交谈，细细密密的黑钢笔字，写在卡哇伊的粉色信笺上，话题以爱情为主：前一天晚上的电视剧情、同班的心动男生和邻座扭扭捏捏放电的小情侣们。初中毕业时，我将那些纸条收起，装进一个淡绿色纸包，在上面写上，一片冰心在玉壶，封存至今。你可以得出结论，我从小是个非常纯情的文艺女青年，嫌酸的兄弟姐妹们，可以不用再读下去了。

那时我关于爱情的全部想象，来自《希茜公主》、《红楼梦》、《飘》、《欧也妮·葛朗台》与《东京爱情故事》，以及我那对由初中同班同学而初恋结缡的爹妈。

如果那时有人说，你要谈N次恋爱，伤人并且自伤，然后嫁给一个北大师兄，然后离异，办离婚手续时对方和别人的孩子已将要出生，我妈一定会晕倒，我一定会为能演绎这样的狗血情节而热血沸腾。

三十岁时，这一切都实现了。有一天，我从纽约出差回来，出海关，开机，短信叮叮当当涌入，回电。他说："是个男孩……"我挂了电话，坐在首都机场的地板上，号啕大哭。在朝阳区民政局办完离婚手续，走下楼来，我不可免俗地，抱着我前夫，哭了。后来有一天，我们去办理房产分割手续，起大早去房管局排队，我坐在台阶上等他，他来了，很绅士地带着豆浆和饭团。我抱着食物，北京冬天的阳光照在我身上，有一种惨淡的温暖。我前面有一条黑暗而孤独的道路，我站在那路口，冷得发慌。

此时此刻，我一不小心活成了一个剩女再嫁的励志故事。重新遇到了一个“内心有光”的男人，生育了一个让我觉得何德何能配有这样的幸福的女儿。其实如果在离异之初有人告诉我，三年以后，你的王子就会出现，这三年会容易过得多。可是，在那时候，我以为那是一场无期徒刑。

而亲爱的你，我的读者，若你在分手、离异、守候、寻求，站在那条黑暗而孤独的路口，我想说，“结束一条道路的唯一办法，就是走完它”。那三年里，我挥霍过感情，轻慢过世界，我怀疑过人生，丧失过信念。但是，终究，凭着对这个世界很多很多的挚爱、景仰与好奇，不懂、不舍与不甘心，以及那气若游丝却始终未断的关于爱情的理想，我们可以把这条路走完。

这便是离婚教我的事。

第一桩事，原谅自己。

这真是一件艰难的问题。我曾经向闺蜜们痛诉革命家史，把他批得狗血淋头，在女友的长吁短叹、同仇敌忾中获得安慰。然后，就会有人问，“那你当初为什么跟他在一起呢？”面对这个问题，我至今不知如何回答，而且这个问题立刻能让我的痛苦指数翻番，因为它让我觉得自己很蠢。

在我眼里，我的婚姻似乎过失方主要是对方（尽管这不一定是事实）。但是，“他是我自己选的呀”。在痛惜自己的青春时，可以怪他，但更悔恨自己做过的选择。这世界上最难受的，莫过于后悔。

花了很多时间才放过自己，听了很多很多遍尚雯婕的《一大片天空》，我会一边听一边流泪一整天。“……我现在放开是对的，像当初拥抱是对的，生命中什么时候就该去做什么……”选过了，试过了，努力过了，发现不行，退出了。谁不犯错呢？谁能保证第一次婚姻时心就是明白的？承认我的婚姻失败，是一个撕破那袭华丽的袍的过程。

后来我不再喋喋不休了。为了从这种祥林嫂式的痛苦中拔除出来，我做了一件疗伤的事，有一天，我对自己说，我要写一百件事，我和他之间美好的事。为了完成这个目标，有一个星期，我天天时时都在回忆那些美好的事，比如在收银台前排队时想到一件，回家写下来。美好的事占满大脑的空隙，写完一百件，我就好多了。

第二桩事，尽快结束法律手续，不要纠缠。

我比较后悔的一件事情，是没有找一个朋友或者律师，代我办理一切离婚与财产分割的手续。这个漫长的与他不断接触的过程，让我们不得不面对一个自己不再那么爱、也不再爱自己的人。

那是坐着过山车的日子，互相说了许多狗血台词。现在想来，他想必也脆弱，也彷徨。他对我留恋，我痛苦我惋惜；他对我绝情，我痛苦我心酸；他过得好，我惆怅；他过得不好，我担心；他表现得真挚，我依恋；他表现得无赖，我愤恨……我们毕竟曾经结为夫妇，真诚地期待过百年好合，郑重地把彼此的一生交托手中，甜蜜地度过青春年少……见他，太容易动感情，太容易翻江倒海前世今生地难过。

如果再来一次，我愿免遭其罪。他过得好与不好，已与你没有关系。他对你好不好，其实已有答案，只是没有勇气面对，因为那孤独是那样漫长。可是，亲爱的，你给了自己一个机会，去寻找可能的真正幸福。如果你不给自己这机会，十年之后，你是否会后悔？

那么，既然你已决定给自己一个机会，你上路吧。

第三桩事，适当远离父母，和其他一些为你痛苦的人。

我爹妈在那种老国企工作了几十年，就那么个圈子，同学也是朋友，同事也是邻居。我从小是那种十全十美的“别人家的孩子”，我都不敢想象，忽然有一天，偶像倒塌，轮到他们面对别人善意或不善意的询问，“你闺女怎么了……”我无力承担，我无力想象。于是在我脆弱的时候，我远离了他们，不在家里长时间待着，不对他们做太多的交代和解释。

离婚后初到美国，妈妈和小姨来看我，我把房间让给她们睡，自己每天到楼上同学处打地铺。一个星期后，妈妈说，“你怎么躲着我，你是不是很讨厌我？”我于心不忍，说了实话，“妈妈，我抽烟了，抽得很凶，躲在楼上怕你知道”。母女俩抱头痛哭。

父母的承受力比我想象中强，重要的是，我自己要快快好起来，只有我好起来了，他们才能真正安心。（诚实地说一句，我爹妈真是天使一样的爹妈。三四年离异后的单身日子，他们没有碎碎念过我今后怎么办，没有表达过抱外孙的渴望，没有安排过一次相亲。）

全家重伤，你已成年，各自关门，舔舐伤口吧。

第四桩事，找一个心理医生。

我的诊断结论是抑郁倾向，没有确诊，没有用药。起意找医生，是因为我出现了自杀的念头，有时候这个念头如此具体，吓着了自己。有一天深夜，我出门去倒垃圾，两分钟后回来，发现本已熟睡的室友被关门声惊醒，正披头散发全身哆嗦着打我手机。她怕我寻短见去了。见到我时，她一把抱住我，红了眼眶。第二天，我开始上网找心理医生。

下着细雨的春天早晨，我忐忑不安地第一次见到我的心理医生。她连续三个小时，没有起身去洗手间，没有喝过水，没有太多地打断我，就是目不转睛、心平气和地听我说了三个小时。

面对朋友，你有种种顾虑，例如你不好意思麻烦朋友太长时间、太多次，但你可以心安心得地对心理医生长篇大论。

另一个好处是，他/她们见过的案例多了，他们告诉我，你有这样的行为、念头，种种都是正常的。于是觉得，噢，我不是怪物；噢，我不是疯了；噢，这是第一阶段，下一阶段会那样那样好起来。

第五桩事，不要急着好起来，允许自己在泥里趴一段时间。

我有个女友失恋时说，我一直试图挣扎着爬起来，我爬起来，又倒下去，我爬起来，又倒下去……我现在不折腾了，我就让自己在泥里趴一段时间。

是的。好起来的路很漫长。我一直急切地希望自己重新变得快乐。2008年我被公司派驻到了四川地震灾区做重建规划，忙得四脚朝天，个人的问题变得如此之小，我觉得自己走出来了……2010年初到美国MBA这个新鲜喧哗的环境中，世界如同画卷徐徐展开，我以为自己走出来了……2011年我从南极露营爬山五天归来，觉得自己小宇宙特别强大……

可是，在那些深夜，孤独的幽灵从未稍离。此时此刻，我可以说，我一直都没有完全地走出来。那段失败的婚姻，已经永久地损毁了我身上的某一部分。可是，我已明白，人生不是一个章节一个章节来的。不是我说，好，从明天开始，我要好起来，这世界就会变成另外一个样子。

反复，歇斯底里、不思进取、不健康、不快乐、不洒脱、不漂亮……有段时间，我对自己都“久病床前无孝子”了，我的爱恨情愁都变成过饱和溶液，我自己都烦自己整天唧唧歪歪了。情绪影响工作时，周围的人包容着我，那种亏欠感又压迫着我。挣扎，有时起得来，有时起不来。

但是，那又有什么办法，那又有什么不可以呢？谁说人生要按漂漂亮亮地生活呢？谁又有资格说，什么样的人生是对的呢？励志小说如果中间不够狗血，结尾就不够励志，对吗？

第六桩事，不急着好起来不等于说，就放弃努力了。

因为那个女友还说，“我是一朵向日葵，我趴在泥里，我的脸还向着太阳。”

要做事、要运动、要看书、要旅行，只是，不要指望，任何一件事可以药到病除。

在那段心情很差，自杀的小念头让人害怕的时间里，我什么都试了。旅行、瑜伽、跑步、游泳、养猫、画画、血拼、打游戏、卡拉OK、快男超女、搓麻将、写博客；我按照大众点评一家家尝尽美食，我给杂志撰稿，给大学生上课；我上最苦的项目，我上自己最不擅长的项目；我一大把年纪了考G考T、在Chase Dream上写了上万字的考G经验，回答了上百楼的问题；我申请学校，最后把自己折腾到了美国。

没让自己闲着，看这个世界千姿百态，我在发现可能性，我在相信可能性。这样，当你有一天，从泥里爬出来的时候，你发现，原来你并没有一直躺在泥里，你在慢慢地向前走，你沿途收获友谊，收获风景，收获阅历。

有时候，你会觉得“我做什么都没有用”。有段时间，我常去找滨哥滨嫂玩，这对可爱耍宝的夫妇总是让客人尽兴而返。但是，我还是要沿着灯火通明、孤寂无人的通惠河北路一个人回家。是的，在你从精彩的宴集中归来，曲终人散，你发现短暂的欢娱之后，在夜凉如水的回家路上，你的孤独、悔恨、绝望，都不期而至，好像从未离开一样。

可是，它们真的离开过。那些美好的瞬间，让我休息，让我有力气继续去战斗。我也渐渐相信，无论这世界多么差劲，多么可怕，有些东西，真的能让你高兴起来。对我来说，也许是一场与好友的麻将，也许是一场汗如雨下的运动，也许是一顿精致的食物。

当痛苦来临时，我不再那么害怕，因为我找到了自我救赎的道路。那就是，做事的时候，倾尽全力，吃饭的时候，专心致志。

离婚那年，我三十周岁。我没有细想过将来。待我缓过一口气来，环顾四方，发现自己三十出头，离异，白白胖胖，工作忙得昏天黑地，属于“圣斗士级的剩女”。周围男生可分为三类：已婚、我看不上、看不上我。我也遇到过别的感情，一言以蔽之，就是不靠谱。

我问一个好朋友，一个哲学老师：“你觉得我还会遇到幸福吗？”

他说：“十八岁的大一女生们常常问我这个，你会如何回答？”

我说：“当然会找到的。她们那真是瞎担心。日子还长着呢。”

他问我：“那么，你除了比她们大几岁，又有什么不同呢？”

是的，又有什么不同呢？没有什么不同吧。也许概率上说，三十几岁的离异女生更难找到，但是，对于每一个单个的个体，概率又有什么意义呢？谁知道我是分子还是分母呢？

这个哲学老师还对我说，Autumn 这个人只能向她证明，不能让她相信。于是，我跟自己打了个赌，我说，我要相信。如果有人早早地把结局告诉我，我在某年某月某时会遇到一个对的人，那该多好啊。可是，知道了结局不就没劲了吗？我告诉自己，我要相信，我一定要相信，然后当那个人出现时，我会好高兴。

后来，我真的好高兴。

在美国第一年，我从费城到加州的亲戚家过感恩节，写信告诉一个还在加州读博士、失联五年的北大同班同学。他开车来带我在旧金山玩了大半天，路上他放着一张老狼的碟。异乡的冬天，异乡的山与海，异乡的咖啡与黄昏，那些歌却迅速将人带回了北大的旧时光。

转年春天，他博士即将毕业，接受了母校北大的教职，回国前纠集若干同学去旅行。在古老的墨西哥城，我发现，五年失联，他在阳光灿烂的加州，过着简单而孤独的读博生涯，我在北京，历经时而繁花似锦时而兵荒马乱的折腾，内心深处，我们却是那么相像。原来，他在太平洋的这一边，静静地等待着我们的重逢。

在墨西哥的第二天，我给国内的父母发了一条短信，告诉他们，我遇到一个人，他“迂而不腐、直而不粗、柔而不腻、朴而不俗”（翻译成大白话，就是一个靠谱的文艺男青年），我要嫁给他。

两周后第三次见面，他从加州来看我，带着戒指。

暑假第六次见面时，我们飞去拉斯维加斯，在一个叫做“花朵”的小教堂里注册结婚。

我的过去，永远是我的一部分。让我惊奇的是，经历简单顺遂的他，却自自然然地接受了这一切。他抚慰我脆弱时的脆弱，也珍惜我勇敢时的勇敢。一言概之，他让我舒舒服服地成了我自己。

最后，容我引用文艺男青年的文字吧，因为我再也不能写得比他更真切了。

“我常幻想能够坐时间飞船赶到前面去看看结局。现在答案全部揭晓了，每一块拼图都放到了自己的位置。我看着这幅画，它的每一个平凡的细节都无比熟悉，而当整幅画面第一次出现在我面前时，我不得不承认，它好得让我有点儿措手不及。我坐在黑暗的屋子里，等待着电脑关机，当主机的轰鸣声停止而一切归于静寂的一刹那，我百感交集。如果世界是随机的，我必须说我很幸运，但我更愿意相信这一切是注定的。此刻的我，如释重负。

“你是特别的一个。我说不清楚是什么，但你身上确实有种特别的东西，让我不再怀疑，让我纵身一跳，让我敢把话说满、做绝，让我情不自禁在做许多我从未做过，或是我以为不会再做的事情。

“我想和你去过那种小日子，那种修理家具、淘米做饭的小日子，我喜欢被长辈唤作小两口儿。我喜欢被小孩子叫爹而不是干爹。我不想让我的配偶栏空白。我喜欢大红色，结婚证的封面，墙上的囍字。

我喜欢大吹大唱大声吆喝，方圆一百里的乡亲都来讨杯喜酒。”

于是，我们过上了那种堵车雾霾还贷款的小日子。我依然不是一个睿智淡定坚强迷人的女神，生命依然是一袭华丽的袍，爬满了虱子。虱子是新的虱子，明天是新的一天。这便是离婚教我的事。

后记（一诺）：Autumn2004 年北大硕士毕业后加入麦肯锡，中间有各种“非主流”经历，直到今年秋天，是麦肯锡北京的项目经理。在这些经历背后，对我，她是那个电话会上永远甜美的声音，那个一做项目就要拼到半夜把工作做到完美的干将，和麦肯锡北京理想主义的“传奇”。在这一切的背后，她还是一朵“脸一直朝上”的向日葵。

Part4

凡人妈妈

为什么要孩子——一诺版

文|一诺

文章标题有矫情的嫌疑——到了年龄要孩子不是天经地义吗？不过如果这对你来说没那么天经地义，那欢迎继续看下去。不是有答案，不过是把自己当年的纠结过一遍，也许对纠结中的你有点参考价值。

我和华章现在俩娃（俩小男孩，一个马上四岁，一个一岁半），再过俩星期老三就出来了，（应该是闺女，医生说了，如果不是他就抱回家！）。[①] 每次怀孕生娃养娃，从头来一遍，重温很多感受，又总有些不同，所以写些这些感受，也挺有意思的。

我自己没当妈的时候，其实很不理解那些妈。她们在网上的所有社交账户头像一夜之间都换成娃的，而且一见了面吧，就特别想给你看孩子的照片。我那时候最害怕这个——哇又来了，不管这孩子长得啥丑八怪样，你都得说“好可爱”，而且这些妈也竟然都当真，完全丧失了客观的标准。你说好歹也是知识女性，咋退化到这地步了呢？而且印象里一旦女人成了妈，生活就丧失了风度，成天灰头土脸的，身材走样不说，而且丧失自我，说的都是屎啊尿啊的，周末也都是陪孩子，干些我看来很无趣的事情。孩子大一点的吧，聊的都是上学啊，各种班儿啊，竞争啊，听着都累。你说要孩子干啥？更别说电视上播的各种生孩子养孩子的痛苦。为什么平白无故地把自己从窈窕淑

① 到本书出版时，一诺已经成为三位宝宝的妈妈。

女变成奶牛、自找罪受呢？特别咱在“新奴隶社会”，女人当家做主，又不靠生孩子得到社会地位。再何况养孩子还是要钱，年轻的时候自己都养不活，还想着能照顾父母，养娃肯定得往后排。

不过这一大堆还不是根本原因。说远一点，我那时候对世界的大前途是很悲观的（虽然我不是文青，但当时有些文青的臭毛病，比如骨子里的悲观这一点）：气候变化，空气污染，人类近一百年对自然的惊人破坏，人类社会本身也畸形发展，你说把娃生到这个世界上来，过些年咱走了，还不知道他们得经历些啥。而且我自己学生物的，算是了解医疗行业，也知道人有太多病痛，能健全健康完全是一件中大奖的事儿，谁知道孩子生出来会受啥罪呢？说得再深一点，我从自己的经历体会，人的成长其实是个很痛苦的过程。我觉得认为孩子会傻吃傻乐无忧无虑，那完全是成年人好了伤疤忘了疼的臆想。我从小就没觉得自己是个“无忧无虑”、“天真烂漫”的孩子——从记事起就有各种各样的烦心事儿，挣扎和痛苦，从上幼儿园的纠结，到上学时的各种作业，到在大学里考虑自己为什么活着，到出国，到回国，到职业规划，到家庭里的各种关系……罗曼·罗兰的四大本《约翰·克里斯朵夫》可能是把成长的各种痛苦阐述得最透彻的了，虽然这是骨子里很向上的书，但毕竟过程是无比痛苦的。人生这么苦，自己都没活明白，为啥生个娃来世上遭这趟罪呢？

所以我们结婚8年都没有要娃。

为什么第8个年头准备要孩子了呢？俺也希望是有啥哲学层面上的顿悟可以拿出来吹吹，不过还真没有，说到底是不能免俗。记得当年我们有一个在美国多年未见的朋友回国，那时候他的儿子6岁，我问他你觉得有孩子到底啥好处？他说了一句话触动了我，他说，有孩子以后你才真正觉得有了“Family”——自己的家庭。后来又和另外一个朋友聊天，他那时候有一对双胞胎儿子。我说到我对世界的悲观理论，他说我对未来没你那么悲观，八成你的儿子能改变这个世界呢。那也是我印象深刻的一句话。大概那个时候 *Stumbling on Happiness* 这本书刚出来，中文叫《撞上幸福》。书中讲到要孩子这件事，说从心理学的角度看，和任何事情一样，我们的决定是基于对未来的预期。很多人要孩子是因为想到了多年以后儿孙绕膝、含饴弄孙的美好，而实际上在孩子长大的 18 年间，事实离这种美好差了十万八千里。但人就是这样做决定的，我们的大脑和心理机制使然。所以用他的理论分析一下自己，要孩子的决定是因为我对未来的预期发生了变化，从悲观的、高大上的（文青是不是都这样啊），变成了乐观的（觉得孩子可能会改变这个世界）和小家子气的（"Family" 就是不能免俗的含饴弄孙的梦想啊）。

所以俺准备要娃了——对，主要是我的决定，和华章无关，当然他要配合实施。

当然要娃也不是那么容易，不过这涉及生殖科学的范畴了，这里就不展开了。不过如果有一点俺的切身悲催经历能和大家分享，就是如果你经过各种纠结决定要娃了，自己在家偷偷开始行动就行了，千万不要广而告之，以免要面对广而告之后很长时间还没有动静的各种尴尬。

后记：

上面提到《约翰·克里斯朵夫》是大学看的，这里要坦白交代一下，书太长了，没有从头到尾的看完，情节都记不清楚了。俺受益最多的一句话是傅雷译的中文版里他自己写的献词（就在书的第一页，傅爷爷真是为我们这种懒人考虑啊！），我当时规规矩矩地抄在日记本上的：

真正的光明决不是永远没有黑暗的时间，只是永不被黑暗所掩蔽罢了

真正的英雄决不是永没有卑下的情操，只是用不被卑下的情操所屈服罢了

所以在你要战胜外来的敌人之前，先得战胜你内在的敌人

你不必害怕沉沦堕落，只消你能不断地自拔与更新

现在再看这些话，翻译成屌丝语言，说的不就是人生各种纠结都是正常的，英雄都纠结，你个屌丝纠结有啥大惊小怪的。所以人生最大的斗争就是和自己斗，就是纠结：不在纠结中灭亡，就在纠结中爆发。不要害怕灭亡，只要有不怕自虐的精神，爆发还是有可能的。

为什么要孩子——闪闪版

文|闪闪

我是那种在自己还是个孩子的时候就很坚定地知道会生个孩子的人。即使二十岁出头在情伤里纠结最深的时候，很怀疑自己是否会结婚，但一定会生个孩子的想法却从来没动摇过。原因我不知道，更说不清。

现在女儿4岁了，我重新想这个问题，发现基于实际体验的总结比抽象推断容易多了。以下是我这个纯Feeler（感性）妈妈的总结：

如果"爱"、"依恋"、"需要和被需要"、"感动和被感动"这些词对你很重要，有个孩子你将获得终极体验。

所有恋人之间说的海誓山盟在这里变成现实，从"我没有你不能活"到"你是我的一切"。都说妈妈爱孩子最多，我的体会倒是相反，至少在孩子小的时候。我爱我的女儿，但这并不妨碍我还惦记着工作、旅行、美剧、闺蜜、逛街聚会，陪她玩的时候常常偷看手机，哄她睡觉的时候永远期盼她快快睡着还我自由。可是女儿心里却只有我，为了和我在一起她宁可不去花园游乐场、不去玩具店、不吃冰激凌，坐在我书桌旁的地上自己玩等我工作结束。记得她三岁不到刚刚会讲英文，在夜里醒来会反复婆娑我的胳膊看定我的眼睛说，"Mummy，I love you so much"或者"Mummy，I see me in your eyes"。真正的执手相看，真正的读你百遍也不厌倦——在静谧的夜里，在白色的月光下，最柔软的嘴唇，最纯真的眼睛，什么样的情人能够比得上？

生命终将逝去，留下点什么在世间。

做到这点，理论上方法很多，比如留下百年产业、文学巨著、青史佳话，但这毕竟是小概率事件。正常人官居正部、富进百强、能让名校图书馆教学楼以自己命名应该是可以向往的最高荣誉了，但你能说出几个二十年前中国正部长的名字？记得几个五十年前的福布斯富豪？我在美国念书时校园里上百栋楼，大都有名有姓，但天天在里面上课的人知道这名字是谁的还真没有几个。说白了，一代之后，连“都教授”大家都不记得是谁了，何况你我普通人。所以留下些生命，带着自己的血脉印记，在自己死去之后在这个世界上继续活下去，健康的、青春的、坚强的，也是另一种方式的永生（大家原谅我以这个矫情的方式参悟了“传宗接代”的真谛）。

和你的TA（他）建立真正特殊的联系。

美女多见，帅哥常有，婚姻不过一张纸，最美的时刻遇见到的最好的人也很难一辈子永远互相觉得最美最好。有个孩子让你和TA彼此真正成为特别的那一个，无可代替，不容抹杀——因为你们从此骨肉相连。

重新经历世界，体验新奇和惊喜。

我永远记得女儿第一次吃糖的时候那种不可思议的美好得彻底惊呆了的表情，记得带她去我出差常住的一个威斯汀酒店小套间时她欢喜得跑来跑去、双脚直跳，不住地说“this is so beautiful”（真漂亮），记得她第一次看到下雪，看海，摸小兔子，喂金鱼，去电影院看动画片……在她发现世界的过程中，我也像获得新生，用一双婴儿的眼睛去重新看世界，从早已习惯和想当然的生活中体会到简单的快乐。

还有傻傻的快乐。很长一段时间女儿不会发和在一个辅音连在一起的 S 的音，所以她常常热情地冲过来对我说“Miley face!”（Smiley face! 笑脸），或者对她的朋友大叫“Lucy，dop!”（Susie，stop! 停下），或者热切地说“Mummy you read me a dory before I go to goo”（You read me a story before I go to school 我上学前你讲了故事）。这些傻傻的瞬间，我在开会烦躁的时候或者一个人孤单在外的时候常常会想起来，会忍不住笑出来。

看到生命的力量和顽强。

和很多妈妈一样，女儿刚出生时我紧张至极，神经兮兮到整夜不能睡，总觉得她醒了在哭，总担心她有各种各样的问题，前两个星期中去了医院七八趟。之后又有很多时候觉得对不起她，害怕伤害了她——产假满了我回去上班，一岁半时送她去幼儿园，两岁时带着她告别北京来到第三世界国家，刚开始老是发烧咳嗽不断，院子里日本孩子扎堆，唯独她没有玩伴，好不容易在学校适应了，交了些朋友，却又得再换学校……

在很多眼泪和愧疚中，我慢慢发现孩子有惊人的自愈能力，身体上的及情感上的。她开始很多次高烧不再用任何药物自己坚持两三天后退下来，大病之后热切贪婪地吃东西把体重补回来，换学校从伤心欲绝到高高兴兴去新学校中间也不过三四个星期，尽管有时会可怜兮兮和我说“I have no friends in the compound（小区里我没有朋友）”，但其实并不妨碍她一个人在家翻书玩耍、在蹦蹦床上乱蹦乱跳的那种快乐。我惊叹于孩子的力量，提醒自己孩子没有那么脆弱，就好像我们其实都没有那么脆弱——生活永远不完美，很难事事如意，总会受伤害，所以我们时不时会抱怨哭泣甚至愤怒自怜一下。但是这并不影响我们生活里的各种大大小小的快乐，不影响伤口会长好。还有如果需要，我们其实总有调整自己甚至 write off the past chapter and move on（告别过去向前）的能力和勇气。

因为教育孩子，重新思考很多人生的大问题。

比如快乐 vs 成就哪个才是终极目标；比如个人幸福 vs 社会进步之间的取舍；比如所有性格的优缺点和两面性，就像嫉妒记仇这种典型坏性格其实能带来巨大的能量和驱动力，同样随和招人喜欢也可能来源于一个人内心的不安全感和自我的迷失……

在女儿身上，我看到自己和另一个人的优点和坏脾气，看到自己渴望而没有的品质，也看到她不如自己的地方。我在当虎妈和做她的最好的朋友之间摇摆，在 bring the best out of her（帮助她做到最好）的愿望中也质疑自己是否已经 brought the best out of myself（自己做到最好）。很多思考，很多纠结，没有答案，也许永远也不会有答案。但是对我来说，能够在而立之年之后打开一扇门，拥有新的视角，能够重新成长，还有比这更珍贵奢侈的事吗？

母乳喂养的那些事儿

文|一诺

这世上有些事，有将近一半的成年人做过或者在做，但没有多少人拿出来说，母乳喂养就是一个。

其实和做妈妈有关的很多事都这样。想想原因，大概是因为，首先，的确是一半以上的成年人没有亲身体验，说不来；对有体验的，每天忙着“体验”呢，哪有工夫来写和说。而且当妈妈这件事情，你不停地有各种“体验”——从怀孕，生产，母乳喂养，到孩子成长，教育，各个阶段都是新的，所以哪怕一开始觉得自己很了不起，但刚做好（更多情况下是还没做好），下一件新事情就来了，完全没有机会让你总结表彰一下自己。所以虽然在做妈妈的过程中“段位”不断提高，但这辆列车一直在开，一路都是让你目不暇接的新风景，你总觉得赶不上孩子的成长，经常是挫败感大于成就感。

但事实是，你的段位的确是在不断提高，而且如果在这个段位提高的过程中不带上爸爸，会有问题的。所以这篇文章就对母乳喂养这件事进行自我表彰，并与妈妈们共勉，当然也希望能带爸爸们一把，让爸爸们（或者准爸爸们）了解一些做妈妈的“真相”。

母乳喂养对孩子和妈妈的各种好处我就不赘述了，总之记住结论，母乳对孩子和妈妈都是最好的选择。如果可以，至少坚持6个月。我喂老大喂了八个月，喂老二是十个月，喂老三到现在已经七个半月了，并且还在喂。每次都在孩子四个月左右的时候恢复工作，由于经常要出差，不得不有了丰富的“背奶”经验。这些经历，现在回顾起来，也让我体会了母乳喂养在“基础”之上各种“进阶”的益处——

对自然和规律的敬畏。

女人做了妈妈，才对自己身体有了真正的认识——惊奇地发现原来各个部位都是大自然设计好的，有用的！我记得生老大的时候，在产床上第一次看到他的那种震撼和不可思议。十月怀胎，一直想象着他会是什么样子，现在看到了！那一刻，是痛苦、快乐、兴奋、幸福又手足无措的五味杂陈。医生把他放在我的怀里的时候，激动得要掉眼泪。这么小的一团，充满了生命力，奋力地寻找和吮吸。虽然之前在书上看过很多遍，但抱在手里了，看到了，还是惊叹于生命设计的精妙和规律的不可抗拒。那一刻，我就成了妈妈，这个小生命在这一刻，完完全全地依靠我，我无措，但又充满了信心、力量和爱。“成为妈妈”就这么不可思议地在那一刻发生了，在自然规律的面前，我们都是渺小普通的一员。

拥抱女性的美。

母乳喂养这件事，应该是最性感的事情吧。我一直不是一个特别“女性化”的人（大家自行脑补典型理科女生形象），并且在一个并不女性化的行业工作，一直觉得大部分护肤品都是骗人的，大部分“Fashion”（时尚）都是装逼的，大部分奢侈品都是抢钱的，大部分“美容”的效果都是自欺欺人的……以前要让我说“性感”这种词儿，自己都会脸红。

不过有一天我坐在阳光下喂奶，突然觉得这场景是一幅画，而且这和什么学历、履历、长相、身材都没有关系——如果我是个普通农村妇女，坐在村口喂奶，场景也是同样美的一幅画。当时有那个想法的时候，不禁想：咦？我怎么成了这么一个臭美的人。不过又想：这有啥不好，女人就该臭美。想必是做妈妈和喂奶这件事情，让我回归女性的本真，也就变得“放得开”——我人都造了，还怕啥。而且这美，和化妆品、时尚、奢侈品、美容都没有关系。拥抱这种美，是作为女人的新境界。

无限扩展的承受力。

这听起来不那么令人振奋，不过的确是，做妈妈之后，觉得自己的承受力在无限扩展。我想任何一个妈妈都有关于喂奶的不同形式的痛苦经历。就拿乳腺炎来说吧，据说 80% 的妈妈会得，听起来好像是常见病，没那么严重。不过得这病的时候，身体发烧，加上乳房上的大肿块，而且还要照顾小娃娃，感觉真是痛苦不堪。我老大两个月的时候，有公司的培训，需要飞去参加。这是生孩子之后第一次出远门，本来就紧张，飞机又晚点，没有及时吸奶，所以等到了酒店的时候，胸前仿佛变成了俩大石头块。最可怕的是，因为堵得厉害了，吸奶器竟然吸不出来。我又累又困，但不把奶搞出来又不敢睡觉，因为那样只会堵得更厉害。所以凌晨四点，我站在卫生间的洗手盆前面用手挤奶，而且不知道能不能解决问题，什么时候能解决，感觉眼前一片黑暗……

类似的经历还有很多，各种焦头烂额，从乳头破以至于每次喂奶像上刑一般，到堵奶让医生给“疏通”，真是比生孩子还要痛。我还知道有人乳腺炎严重了，不得不手术把乳房里的肿块“掏”出来，如此种种，令人毛骨悚然。这才发现，人真的是没有受不了的罪。人说养儿方知父母恩，对妈妈尤其如此。

不过虽然各种痛苦，但绝大部分的妈妈都“挺”过来了，现在回头看只是谈资而已。好多看上去弱不禁风的女孩，成了妈妈后都坚强得很，孩子一个笑，就足够给她们无限的力量。有了孩子，才知道自己的承受能力好像没有极限，可以无比强大，究其原因，不外乎是爱——有了孩子，才知道爱可以如此深厚。

超强的时间管理能力。

一旦孩子出生，就没有了白天黑夜，一天24小时被三小时一次的循环充斥着——喂奶、哄孩子玩儿、换尿布、睡、再喂奶……我从有孩子之后就开始不带手表了，因为不知不觉中对时间有了生理上的感知。

记得孩子两个月的时候，我真心绝望了，不知怎么才能回到“正常”的生活。极其小的事情——像出去吃个饭，都成了难度和复杂性极大的行动，想想相关的规划都头皮发麻——要喂好奶，孩子最好能睡下，但最好在孩子醒之前回来。记得我们第一次带孩子去看医生做例行检查，光出门就花了1个小时：刚准备好出门，孩子吐奶了，衣服全湿了，换好，再出门，到门口孩子拉了，换尿布，再来……都好了，他又到吃奶的时候了，再喂奶！终于，我发现所有的所谓计划和时间规划都像笑话一样，在孩子吃喝拉撒面前土崩瓦解。

后来重新上班，觉得时间突然可控了许多。和带孩子相比，工作真的就像休假，再累，至少是成年人的可控的生活。所以我是真心佩服全职妈妈的。

当妈妈需要有很强的时间观念。安排一天的时间计划的时候，要考虑一天几次的吸奶、消毒，最好有些电话会议能在吸奶的时间做掉，但又要保证不让对方听到电动吸奶器的奇怪声音；如果出差，还要考虑好如何在路上不错过吸奶的时间。老大大概在7个月的时候，我有一次要飞德国，下飞机还要开两小时的车。所以就要考虑飞机上什么时候吸奶，到了什么时候吸奶，还要找到足够的冰维持到酒店（因为母乳常温只能放4个小时，零度可以保存48个小时，所以尽量保持零度，然后找冰箱冷冻）。在一天里，也要把吸奶的时间严丝合缝地插进来——一般准备工作需要2分钟，吸15～20分钟（我有一个“神器”，pumping bra，可以两边一起吸，一下省了一半的时间），然后洗瓶子消毒——在微波炉里转4分钟，这中间把奶装袋子封好口，写上日期，放冰箱。经常还能有一点时间可以回个邮件或打个简短的电话。

由于喂奶，你好像在工作的同时找了一份灵活性极低的兼职，别人把一份工作做好就行了，你得考虑怎么偷偷摸摸地把另一份工同时也做了。所以“背奶”的妈妈肯定都得是时间管理的高手。

后记（华章）：这是我第一次给一诺写后记，而且还没有打报告。说起来喂奶，包括当妈妈这事儿，我对一诺是超级佩服的。各种细节不表，上文说了很多，一诺以前也聊过很多。如果你是女生，希望工作、当妈两不误，一诺在文中说了很多很实用的经验。我就从家里那个最近刚“失宠于孩子”的男人的角度，来说说怎么能帮上忙，至少不添乱吧。

其实咱们帮不上忙，从怀孕，到生孩子、喂奶，都完全帮不上忙。到了养孩子环节，我估计大部分男生也不容易成为主导性力量，能把下手打好就不错了。既然帮不上，那精神上至少要支持吧，言听计从，指哪打哪，再说些好听的，应该不难吧？女人在压力大的时候，有时会情绪不稳定（不包括一诺，她从来都特稳定的），那个时候咱们可不能不稳定，一定抱着解决问题的思维方式，一切都会搞定的。

祝读者诸君做个忙碌又哈皮的妈妈或爸爸！

母乳喂养的那些事儿（续）

文|一诺

接上文，我们再谈谈母乳喂养的“进阶”好处。上次只说到了“时间管理”，下面再讲讲其他各种“加强版”的好处。

超强解决问题的能力。

英文有一个词叫 resourceful，意思是“find quick and clever ways to overcome difficulties”中文可能翻译成“足智多谋”。我觉得当“背奶”妈妈，不得不变得非常 resourceful——这中间也有很多的趣事。

吸奶还需要许多相关条件——有电源，有相对隐蔽一点的地方，有能消毒的条件（微波炉就可以），奶需要冷冻，至少要能保持零度的温度。这些条件加上出差中各种无法预料的情况，找解决方案这件事就变得乐趣无穷了。

有一次在西北某县级市，我花200多人民币住了当地最好的宾馆，搞定了与吸奶相关的前面所有步骤，但冷冻的时候找不到冰箱，灵机一动就去找宾馆后厨。去的时候后厨正开饭，所有的员工都在排队拿饭，我找到一位看着像大厨的，尽量压低声音，解释了我这是两袋母乳，在各种惊异的表情过后，人厨指了指大冰柜说，放那儿吧。我一打开，哇，里面装着半扇猪。就这样，我那两袋儿奶只能“依偎”在猪旁边了。

还有一次在石家庄开会，北京开车过去要三小时，开完会回京又得三小时。开完会后，我在客户办公的地方找了个卫生间吸奶，但路上得想办法把奶保持在零度，一时之间找不到冰，于是在高速路休息区买了一包冰棍，奶放中间，搞定。

还有 2014 年 7 月份，从北京出差到上海，接着又去杭州，由于怕天气不好耽误行程，我选择了从杭州坐火车回北京。从上海出发去杭州的时候，为了把在上海吸出的奶带上，用上了酒店房间里的冰桶——话说冰桶这个东西，是欧美酒店的标配，所以国内的星级酒店也学着配上了，不过这肯定是在中国的星级酒店里利用率最低的物件儿之一。好在因为有了冰桶，里面放上冰，可以把在酒店冻好的奶带到杭州。

但从杭州坐火车回北京的时候，又有了新的问题：这么长的火车行程，而且还吸出了新的奶，那么怎么保持冷冻呢？到杭州火车站的时候，离火车发车还有一个多小时，我一动脑筋，就在网上定了火车站旁边一家四星级酒店的房间。到酒店房间里之后，要了冰，又拿了冰桶，奶放上，贼一样地溜出了酒店——那家酒店肯定以为我是来开钟点房的。上了火车，酒店的电话就追过来了，说还留了 500 块押金呢。我如实解释，得到原谅，到北京以后分别把上海和杭州的冰桶寄回去。

我当然也想过是不是应该直接跟他们说要借冰桶，不过想想要解释一通母乳的问题，恐怕他们从来没有遇到过这种情况，还得报领导批示，时间又有限，所以只能先斩后奏了，好在他们都有我联系方式，又有押金，减少了一点负罪感。聪明不敢说，不过至少满足了"find quick ways to overcome difficulties"（找最快的方式克服困难）。

当然也有相对"高大上"一点的困难。有一次我和余进姐姐从波士顿飞回国。坐的是公务舱，好处就是每个座位上有电源。结果刚心满意足地到戴上行头准备吸奶，才发现吸奶的一套瓶子都落在酒店的微波炉里了，当时感觉就是晴天霹雳啊！这咋整，十几个小时呢。我不得不每一个小时就去飞机上的洗手间用手挤，搞的满头大汗还挤不出多少，心想要是这么折腾十几个小时，不得搞死。

我和余进就开始商量怎么办。庆幸的是我们会在洛杉矶转机。于是想到了几个方案：一是给我在洛杉矶多年未联系的朋友打电话，看她家里有没有多余的吸奶器，并能给我送到机场来；另一个方案是冲出去机场打车到最近的 Babies "R" us 或者 Target（塔吉特超市）去买新的，不过到洛杉矶是晚上 9 点多了，很多店应该都关门了，所以要找 24 小时店，只是不知道运气会怎样。

为了给打车做准备，余进把身上所有的现金都搜罗出来给我。飞机一落地，开手机，给我朋友打电话。虽然多年不联系了，但架不住是好友，电话没寒暄两句直奔主题，她家老二都快三岁了，不过好在她不是个爱清理的人，瓶子竟然还在！她二话没说和老公一通洗刷消毒，找人看着孩子，俩人开车给我送来。在机场的大厅上相见，我俩一边拥抱，她一边给我一袋子救命的吸奶瓶，那一刻真是百感交集！

所以喂奶不仅锻炼解决问题的能力，还考验人品啊！

测试各种设施的极限。

由于各种背奶经历，不得已对各种公共设施的"哺乳母亲友好程度"做了无数测试，总结如下：

机场——美国的机场要好些，一般能找到"家庭"卫生间，虽然主要是给孩子换尿不湿用的，但有电源，可以用。北京、上海的机场也有，如果找不到，也可以蹭用残疾人卫生间——在美国产假算"短期残疾"休假，所以也不算"滥用"。

高铁——座位下面都有电源，所以随时可以"干活"，就是需要另一件"神器"——哺乳盖布一块，省得惊吓到群众。

冷冻运输——在美国的好处是很多超市都有干冰卖，这可能和美国人民喜欢凉的文化有关吧，所以如果开车，路上带一个"cooler"

（冷藏箱），买块干冰可以随时冰冻奶。另外美国的快递（主要是Fedex）可以运干冰，24小时寄到，当然不便宜，但保证寄到的干冰还处于冰冻状态。但干冰也没有那么随处可得，在芝加哥出差时，还多亏了我生物系的师弟，从芝加哥大学实验室搞到干冰帮我寄出来的。另外我还做过N次跨洋运奶的"生意"，飞机托运行李不能带干冰，就把冻奶加上多块蓝冰托运。飞机"肚子"里温度低，十几个小时的飞行也没问题，到了基本能保持冰冻状态。这个方法国内短途飞行也适用，就是需要每次托运行李，对我们这种习惯了登机门关闭之前才赶到登机门的人来说，是一种小折磨。不过没办法，谁让咱做了这份"兼职"呢。

飞机——如果对奶妈们的"服务"排个名，各种长途飞机中美国航空公司的服务最差——可以给你冰，但你得弄一个袋子放自己座位地下。国航好些，给你冰之外，还可以把你的袋子放在冷风口吹着（就是类似个小冰箱的地方）。迄今遇到过最好的服务非台湾的长荣航空莫属，竟然有干冰！还单独给我一个小袋子，把奶冻得妥妥的。而且还可以用飞机上的微波炉消毒奶瓶，简直不能再体贴了。

了解企业文化的独特窗口。

由于我从事咨询工作，面对着各种不同的客户，所以也能从哺乳这件事看到不同的公司文化。其实中国企业女员工所占比例是不低的，但对哺乳母亲的支持设施总体来说并不好。

话说我妈那辈人一般是孩子56天大了就要回单位上班，国营的厂了都有育婴室，带着孩子上班，中午、下午都可以喂奶。虽然产假短些（和美国6周的理念一致），但有育婴室，是非常人性化的。

现在我们社会进步了，但在支持妈妈工作方面反而总体上退步了。这和医疗体系的问题一样，计划经济下我们的"社区医疗"其实通过厂矿单位实现得很好，后来经济改革，但忽视了医疗基础网络建设，废除了旧有的，又没有及时建新的，导致了现在医疗体系里的种种难题。

当然在支持哺乳母亲方面，不同的企业有差别——总结下来，外企相对来说最好，会有哺乳室，但我的经历里也有一半的外企没有。国企和民企一般没有，如果我有需要，得找个看上去好像有孩子的女性悄悄地问，一般答案都是，"我想想办法"。一般想出来的办法就是——去女厕所，所以说企业如果支持女性职业发展，那就从建哺乳室开始吧。

练就了一张"厚脸皮"。

由于哺乳，我有过很多尴尬经历。有一次是在一个客户那里开会，需要吸奶，被告知有一间办公室可以用。于是进去，关门，带上行头，开始"工作"。同时又戴上耳机，开电话会议。我正戴着瓶子（吸奶器）和耳机，气宇轩昂地走来走去，在电话会议里发表意见，突然门竟然被推开了（看来我没锁好），一位男同胞（办公室的主人，我还认识）拎着包大步走进来。

我俩当时都傻了，估计他比我傻得更厉害：看这是一个什么外星怪物在我的办公间里！可怜的他当时本能地后退几步离开了房间，我也好一会儿才缓过神儿来，电话会议的同事还在喊："喂喂，一诺你还在吗？"我缓过劲儿来，深吸口气，说"在"，接着把电话会议开完。不过后来想半天该怎么和这位客户解释，最终给他写了一封邮件，说了我在喂奶，被告知这个房间可以用，对他造成的心理伤害表示道歉。他也很有礼貌地回了一封邮件表示理解和歉意。你看这闹的！不过，谁让你们没有哺乳室呢？

还有一次在山东参加一个研讨会。一大早从济南出发，天气不好，本来应该 3 个小时的车程，开了 5 个多小时，所以本来希望能在到会场之后，在开会之前吸一次奶的计划泡汤了，到的时候一大屋子人在等着，只能马上开始讲。好歹讲完了，已经错过吸奶的时间 2 个多小时了，我赶忙去找地方做我的“兼职工作”（当然找到的“地方”又是厕所）。

参会的几乎都是男的，主办方会后安排了很正式的午餐，由于我是比较主要的“主讲”，所以他们要先敬酒，在一套礼节之后才能开始吃。我觉得和一本正经的国企领导讲我要去吸奶这件事好像太不应景，但我又不得不去，所以只能让和我同行的男同事（好在他是个爸爸）帮着照应，我奔厕所而去。我回来的时候，午餐现场还是很尴尬，我也不知道该怎么解释这事，于是就只能靠自己脸皮厚了。

不过想想是件好事，职场女性的弱点之一就是太好面子，“脸皮”太薄。当妈妈以后，潜意识里有一个很大的变化，就是意识到很多事情没那么重要，尴尬的时候还是会尴尬，不过当时为了孩子，会做不同的取舍，往回看当时尴尬也没什么大不了，脸皮练厚了，挺好。

上一篇文章在“奴隶社会”发出后，收到了很多朋友的留言，有的说喂孩子喂到了 15 个月或 22 个月的，甚至还有 2 岁多的。看，高手在民间吧。我现在回想喂奶（现在老三还在喂的幸福中）最美的感觉，就是孩子趴在胸上时那种只属于自己和孩子的无比亲密的联结。所以每次考虑断奶都舍不得，我想这也是这么多妈妈坚持这么久的原因吧。后来断奶，也很释然，因为意识到孩子长大了，这种联结慢慢从身体上的变成精神上的，可能不会再那么亲昵，但可以同样亲密，我们也和孩子一同成长，挺好。

生活更像一场酒驾——你我辣妈采访

问：我看了您写的《为什么要孩子》，从结婚八年不想要孩子到成为母亲，还一下子生了三个宝宝。您觉得当妈之后自己最大的转变是什么？

一诺：我们结婚比较早，一直觉得可能会要孩子，但不着急也不确定，后来和一个相交多年的朋友见面，那时候他的儿子已经6岁，我问他："你觉得有孩子到底啥好处？"他说了一句话触动了我："有孩子以后，你才真正觉得有了'家'"。后来又和另外一个朋友聊天，他那时候有一对双胞胎儿子。我说到我对世界的悲观理论，他说："我对未来没你那么悲观，八成你的儿子能改变这个世界呢？"那也是我印象深刻的一句话。

当妈之后的转变不是瞬间完成的，没有一个大"哇"的时刻，但有很多小"哇"（笑）。可能所有当妈妈的朋友都有共鸣，就是当妈妈之后，你成了一个小生命最重要的那个人，你就是他的全部。这种感觉在做母亲之前是没有的。而且从怀孕，到孩子出生，再到坐月子的辛苦，喂奶，到孩子慢慢长大，自己也慢慢变得强大很多，不仅有了巨大的责任感，而且爱的能力比原来高很多。由于孩子的成长和教育，我对自己的认识也逐渐深入和增加。所以我经常开玩笑说，女人比男人强大太多了，男人一辈子都没有这样的机会（笑）。

问：麦肯锡的工作是出了名的忙，很多人都非常好奇您是如何一边做事业女超人一边养三个宝宝的，可以和我们分享一下你的平衡秘籍么？

一诺：首先我觉得生活其实没有平衡，不要幻想自己是优雅的天鹅，不论什么风浪都可以平衡。如果能也是装给别人看的。其实生活更像是 DUI（Driving Under Influence——酒驾），虽然别人看来歪歪扭扭，但自己很 high，在保证不撞车不翻车的前提下朝着目的地蜿蜒前进，保证“不倒”的同时，去享受这个过程，因为这就是生活。你有了孩子就会知道，很多事情根本无法预期，所以不要太多地关注“平衡”这个妄念，因为它可能带给你更多的焦虑和不安。

如何做到呢？我觉得第一点是保持你自己的 Energy（精力）。养孩子还是非常花精力的，如何保持旺盛的精力就很重要。对我来说坚持锻炼很有帮助，我现在就在跑步机上接受你们的采访（笑）。我在生孩子的当天上午还在游泳（当然确切地说是没想到下午会生）。另外就是关注自己。当妈妈以后，你是一个无私的给予者——从物质上到体力上，再到精力上的。所以如果能胜任这份工作，动脑筋花工夫照顾好自己很重要。其实和身体的状态来比，在精神上照顾好自己更重要。多做给自己正能量的，少做带给自己负能量的事情。对我来说，正能量是锻炼，是画小画以及码字。有时候哭一场也是正能量（笑）。女汉子是怎么炼成的，第一条就是要会哭！

第二点是你家庭的 Infrastructure（基础构造）。有很好的支持系统，整个家庭团队的配合非常重要。这其中最重要的是自己的核心家庭，就像伯特·海灵格的《爱的序位》中描述的爱的序位方式，夫妻关系永远是第一位，而不是与孩子的关系。夫妻关系好了，才会给孩子提供很好的环境。当然长辈、保姆的支持和帮助也很重要，是一个和谐家庭的重要部分，所以要在自己的家庭幸福上动脑筋、下功夫。

第三点就是要设置 Boundary（边界）。其实提高效率有个方法，就是给自己设定一个界限，让事情在这个时间结束，你就可以省下时间来做别的事情。像我有孩子之后，早上9点以前以及晚上6点到9点这段时间，我尽量全留给孩子。孩子睡觉了以后我再工作……时间有限，抓住了重点，效率就提升了。

第四点就是用一个“完全的自己”正面地对待工作和生活。大家经常把工作和生活对立，认为工作是个负担。但实际上工作给我们带来很多正面的东西，包括自信、朋友、自我价值的实现等这些在生活里很重要的东西。另外我们也经常比较“负面”地看待生活，觉得不仅工作是个负担（当然能赚钱，所以不得不做），而且生活和孩子也会是一个负担，两个孩子就是两个负担，以此类推……所以才会觉得成为工作的妈妈是一个非常累的事情。我觉得比较健康的想法是首先不要割裂工作和生活，它们都是我们实现自我价值，让我们成长的一部分，只是通过不同的形式而已。另外就是正面地看待这些所谓的“负担”——因为有这些我们的生活才有趣、多彩，我们才成为更好的自己。

问：有研究表明母亲常常会因为工作对家庭的影响而倍感自责。在您当妈的过程中是否产生过负罪感？怎么解决？

一诺：当然有，我想每个妈妈都有，也不可能消除，否则我们就变成机器了。人生最大的斗争就是和自己斗，就是纠结。你要正视自己的状况。比如我跟孩子待在一起的时间，跟别的妈妈比肯定少了不少，我知道自己时间少，我能做的就是在有限的时间内让爱更有效，更投入。（问，如何让爱更有效？）我觉得你和你的孩子之间要有一些特别的事情（Something special between you and your child）。比如我大儿子最近特喜欢角色扮演，经常喜欢演鼹鼠之类的，所以再跟他玩过角色扮演之后的第二天我看到他时，就可以扮成鼹鼠妈妈说：“鼹鼠妈妈来了！”或者是你前一天跟孩子说了什么故事，第二天就再跟他提起里面的情节。他会很快想起我们之前一起玩或一起编的故事。这种 playful parenting（做孩子玩伴）并不需要花很多的时间，但需要用心，去孩子的精神世界，在那个世界里你和孩子会有最特殊和紧密的练习，哪怕你们不是每天耳鬓厮磨在一起。

问：你是说进入孩子的这种精神世界，与之建立紧密连接比天天守在一起更重要？

一诺：是的。和大人比，孩子完全生活在精神世界，我们是越长大越开始进入物质的世界，然后再慢慢回归精神世界。孩子教我们很多。回到你的第一个问题，当妈妈的最大转变，也许就是我们能够在成年之后通过孩子成长的过程看自己，让我们能转一圈，更深入地看到自己的本我，而且这个过程中做妈妈的比爸爸们要走得深入很多，所以妈妈们能不强大嘛。

和孩子一起做行动者

文 | 王甘

序（一诺）：2001 年，我刚到美国一年，开始接受美国的研究生教育。同一年，一个美国人类学的博士，一个小男孩的妈妈，在北京一个破旧的公立幼儿园的基础上，开办了一所民办幼儿园。2012 年，我把我的小男孩送进了这所幼儿园。这所幼儿园就是小橡树；这个妈妈，就是王甘老师。由于王甘老师在十多年前的这个行动和一直的坚持，使我有幸在十多年后，和很多其他的爸爸妈妈和孩子们，成了受益者。

每年六月份，小橡树会在北京蟒山举行毕业典礼，王甘老师的致辞是每年毕业典礼的"经典节目"。今天给大家分享的是王甘老师在 2013 年毕业典礼上的致辞——《和孩子一起做行动者》。

今天，我们再聚蟒山脚下，庆祝 2013 届的孩子们从小橡树毕业。这是小橡树多年的传统。而我代表小橡树幼儿园，为毕业生致辞，也是一个传统。大概几周前，就有一些妈妈爸爸们在论坛里猜测：今年，王老师要说什么呢？

因为一周来，天气预报一直在说，今天要下雨，所以有妈妈建议，实在来不了蟒山，我就应该在小橡树的天井里，讲讲随遇而安。幸运的是，我们成行了。今天，我们按照计划，来到蟒山脚下，举办毕业典礼。我们对老天的帮忙，表示深深的感谢。

每年都会有临别赠言，而今年，我想送给2013届孩子和家庭的临别赠言是两个字——行动。

今天的中国人，生活在一个令人不满意的世界里。我们的空气令人不满意，我们的水令人不满意，我们的交通令人不满意，我们的食品也令人不满意。当然，排在这个名单上的，还有很多，包括我们的工资单、住房、运动场和学校。

当诸多的不满意充斥我们周围时，我们首先做的，往往是发声。近些年，我们看到如此之多的嘲讽文字，在发泄着我们的不满。诗词曲赋，无所不有，充分展示了中国人民的才华和中国文字的犀利。传播途径则日益翻新，从短信，到QQ，到微信。以至于每一个人的手机里，都有几十上百条段子。

但是在发声之后呢？到底应该由谁来采取行动，来改变这些不满意？从小生活在被家长、被老师、被上级、被政府安排一切的环境中的我们，自然而然地觉得，我们要做的，只是发声，而采取行动的，应该是政府，是领导，是其他人。

我有时候想，正是这样的一种心态，才导致我们周围，有如此之多的令人不满意。

幸运的是，今天的孩子们，他们的成长环境，已经有所改变，他们将与我们不同。

今年三月，我带着我的儿子，九年前毕业的小橡树校友，参加了一个公益组织参访之旅，他正放春假，在我们这个团里志愿服务，做一个小翻译。因为要完成翻译任务，他拿着笔记本，仔细地听了很多个社会组织的创办者的故事，边听边记。旅行的最后一天，他突然对我说，妈妈，感谢你这次带我旅行，我发现，当你有不满意的时候，如果你有一个主意，就可以立即采取行动！没那么复杂，非常简单。我回到学校，就要去采取行动，解决我的不满意！

当妈妈从孩子那里听到“感谢”二字的时候，大家一定理解，我会是多么的心潮澎湃。而后来，当我看到其他同学已经放松休息的时候，他还在加班加点，拼命付出，去推动他希望促成的改变时，更是感动不已。

孩子们需要看到行动者，了解他们的行动过程，今后，才能在面对不满意时，不再仅仅止步于发声。我相信小橡树的孩子，将来会成为更好的行动者，因为他们看到了，他们的父母在面对不满意时，没有止步于抱怨，她们采取行动，把他们的学费，交给他们信赖的学校，哪怕这个学校的房子很破；把他们购买食品的钱，交给更安全的生产者，哪怕这个数字更高；当道路拥堵的时候，冬天的早晨站在寒风中帮助老师送孩子们上车外出；把紧张的工作推到夜里，白天东奔西走，为孩子们寻找更多的学习机会……她们自己在努力，在付出，to make things happen，促成自己希望看到的改变，把生活变得更令人满意。

当然，采取行动，没有那么容易。作为个体去采取行动，甚至影响他人，去共同行动时，我们会遇到很多新课题。例如，付出的时候，听到误解的声音，如何排遣心中的委屈；倡导的时候，如何拿捏好带动他人的度，既促成改变，又给他人心理空间；行动的时候，如何协调好自己担当的各个角色；成功的时候，如何不被个人成就感冲昏头脑，给更多的人舞台……

感谢2013届小橡树所有的家庭，感谢他们作为行动者付出的全部努力。你们的努力不仅在今天开花，还将在未来结果。在这种努力中长大的孩子们，将来会成为更好的行动者，当他们看到不满意的时候，会立刻想到，我可以做点什么，去促成改变。他们也会成为比我们更勇敢、更成熟、更老练的行动者。他们不仅会有这样的判断力，说，王老师，你什么时候办小学？他们还会有这样的行动力，说，王老师，我要自己办一个学校！他们甚至还有这样的平常心，说，我将来，要到小橡树来当老师！孩子们，我们欢迎你们！

祝愿2013届和我们所有的孩子和他们的家庭，在离开小橡树之后，保持行动的热情，有勇有谋，去带动更多的人采取行动，去促成我们希望看到的改变。

后记：第一次去小橡树，就觉得这是一个特别用心的地方。记得那时候是冬天，楼里打扫卫生的阿姨正在用拧成条的抹布一道挨一道地仔细擦暖气片的缝隙；老旧的二层楼里的每一个孩子目光可及的地方都是用了心的装饰——下水管道变成了可爱的蟒蛇，天花板上结满了水果；打开水龙头，是调成37度的温水，走廊上转角里，是孩子们的艺术品。那时候我就在想，这幼儿园的创办者和管理者是一群怎样的人啊。

第一次见到王甘老师，是我在幼儿园门口接孩子，甘老师从幼儿园往外走，瘦瘦高高的，一脸孩子般的笑容。我旁边的家长小声给另一个妈妈说，这就是王甘老师，我才知道。当时满心的崇敬，在家长的人堆里偷偷地仔细地盯着王老师看。那心情，就像年轻的时候看到了自己光芒四射的偶像，很兴奋，又很有些不好意思。为啥不好意思呢？年轻的时候是觉得偶像太帅，自己太差；现在其实有点类似——一方面觉得王老师和另外几个幼儿园的管理者真的是伟大的人，能在很艰苦的物质条件上创立和坚持运作这么一片孩子的乐园。一方面又觉得我们除了把孩子送进来，对幼儿园没有做啥贡献。当然可以有很多解释得通的理由，我们工作忙啊之类的，不过总还觉得有点像捡了个金元宝，自己偷摸藏了怀里的心情。今天借"奴隶社会"，做点小贡献，把王甘老师的这篇文章推送给大家，把金元宝拿出来让更多的人看到，让更多的人和王甘老师一起，成为行动派。今后我们也会把小橡树的更多金子，在合适的时候和大家分享。

放轻松，做个正常的妈

文|闪闪

女儿四岁，在自家人眼里当然是美得不能再美，好得不能再好；朋友圈点赞党们也天天“好萌”“好美”“好聪明”地夸。但除此不能太当真的赞扬外，女儿尚没显示出什么过人天赋，也没看出什么其他孩子都没有的美好德行。所以我这篇文章绝对不是育儿成功案例，而是一个普通妈妈的成长心得。

如果你是一个完美主义者，规划控制狂，做妈妈就是世界上最绝望的工作。

不光因为小孩口水鼻涕，乱涂乱画，更是因为他们多变，你控制不了 TA，甚至影响也有限。最哲学诗意的说法是纪伯伦的《孩子》——

你的儿女 / 其实不是你的儿女 / 他们是生命对于自身渴望而诞生的孩子 / 他们借助你来到这世界 / 却非因你而来 / 他们在你身旁，却并不属于你 / 你可以给予他们的是你的爱 / 却不是你的想法 / 因为他们有自己的思想 / 你可以庇护的是他们的身体 / 却不是他们的灵魂 / 因为他们的灵魂属于明天 / 属于你做梦也无法到达的明天

科学严谨的论证可以看最近半个多世纪来欧美学者的研究结果，包括众多追踪同卵孪生子和领养家庭孩子整个成长经历的研究（相关文献参见文后）。这些研究旨在区分孩子成长过程中“基因”和“养

育”的影响。它们的结论惊人的一致，也惊人得令人灰心：孩子的一生基本是由基因决定，后天养育在短期内也许有作用，长期来说影响非常有限。这一发现不仅适用于外貌、健康、智商，甚至对众多广泛被认为是后天养育的品质，如心理健康、情商、内外向、自信坚韧度、甚至婚姻关系同样适用。换句话说，如果你想要个美丽、聪明、性格好、有艺术才华的孩子，靠养是养不出来的，找个有这些品质的伴侣一起生孩子是提升（注意不是保证）成功可能性的唯一方法。

如果你是个特别在乎别人看法的人，当妈妈也一定烦恼无穷。

从怀孕开始就有无数人试图告诉你该做什么不该做什么。从能否喝咖啡，穿高跟鞋，胎发要不要剃，该付出多少努力坚持母乳喂养，孩子要比大人多穿还是少穿一件，上音乐课亲子班有没有用，该穷养还是富养，几岁该开始读书识字，到经常加班出差是不是不负责任的妈……

试图影响你的有你至亲的亲妈，有你用心平衡的婆婆，有学术权威的医生育儿专家，有草根权威的月嫂育儿嫂，有你心里不以为然的各色熟人，也有你无话不谈的闺蜜甚至钦佩羡慕的时尚辣妈同学，还有事业家庭皆完美的女上司。另外，别忘了还有小区里别家孩子的家长、阿姨、奶奶、姥姥，还有你在医院游乐场幼儿园撞见的别家孩子家长、阿姨、奶奶、姥姥，甚至门卫、保洁、商场售货员、出租车司机等等等等各色路人……

他们提出意见或建议大都源于好心，希望让你受益于他们的知识经验。但有时也未必都那么好心，只是源于喜欢挑剔指责的本性，所谓“喜欢管闲事，对什么都有看法，而且管不住自己的嘴”；最激进的人还有时是为了确认自己选择的正确，尤其是那些并不容易的选择，比如辞职在家做全职妈妈（或者当了妈妈还在职场全力向前冲），比如让孩子上国际学校（或者公立学校）。选择的是什么并不重要，重要的是人们常常会选择性忘记自己做这些决定时曾经的权衡挣扎，选择一边倒的支持自己已经做出的选择，成为坚定的信徒，并批评打击一切不一致的所有异教徒行为。各种骇人听闻的例证如“4 个月产假让我后悔四十年”“中国教育是怎么毁掉了孩子”都是他们最爱的宣传语录……

无论别人的意图是什么，如果你很在乎别人怎么说怎么看，这就是一场无止境的折磨。

但也因为这些苦恼，当妈妈教会了我很多从前做不到的事。

教会了我别太在意别人的意见，面对批评的声音坚定坚强。

我从五年前怀孕至今，我惊叹地发现孕育、照看一个小生命会给我带来如此多的关注，包括我想要和不想要的关注。我曾经和一个喋喋不休，试图说服我“孩子一定要剃掉胎发”的出租车司机大吵，并半路下车；和最爱护我的一位女神领导陷入战争，因为她坚信“母乳只要坚持就一定会有”并送了我价值上千美元的吸奶泵作鼓励，而我日夜挣扎了五个月后还是一天产不出 200 毫升的奶而最终崩溃。现在回想起来，与其说当时是愤恨别人，不如说是因为对自己的怀疑自责，所以反应过激。

残酷的事实是：当妈妈，你怎么做都有人觉得不对，觉得不够好。但也正因为此，其实你怎么做都是对的，都是好的。要有信心，相信自己的判断，选择让自己舒服的模式，坦然接受所选的好处和坏处。别人的意见，你高兴就听听，不高兴就这个耳朵进那个耳朵出；心情好就笑笑，心情不好就直接走开。说到底，这是你的生活，你的孩子，与别人何干？

教会了我欣赏或者至少接受与我不同的人，教会了我以别人想被爱的方式爱 TA。

我从小外向活泼，是老师年年评语写“开朗大方，热情友善”的那种孩子，后来美国和职场教育强调的也是“Teamwork, speaking up, being social, public presence”，所以对于别人（包括我先生）的内向、冷静、保持距离、不喜热闹，我能够迁就，但总不喜欢。但女儿很小的时候，我就开始看出她不是我希望的那种阳光热情、到处发光的孩子：她很警戒，拒绝和陌生人打招呼，需要很长时间才能和其他孩子亲近，不喜欢人多热闹的地方经常嫌“太吵”，一个人坐在家里翻书、拼图，很久也不出去玩，偶尔学骑自行车也是小心翼翼，谨慎异常，一点不似我童年的勇敢无畏。

但我那么爱她，所以我第一次全心接受了这些我原不欣赏的性格。我慢慢理解她说的话相对她的年纪是经过很多思考的，她表达出的情感是更慎重真切的，她不愿意配合一些社交活动不是故意为难只是她真的不喜欢，她貌似孤单胆怯其实有她的自在快乐小天地。我不再要求，更不再担心，真正的 love someone as he/she is（爱一个人就爱他的一切），这句老是说却太难做到的话。作为副产品，我发现自己对周围人的宽容接受度也大大上升。

除了性格，在另外一件小事上我也变化甚大。作为对衣饰外貌挺在乎的我，在女儿出生前和很多妈妈一样没少花钱。对她的衣服、毛毯、床品、推车、围嘴、鞋帽甚至尿布的颜色式样我都很在意，力争有品且搭配协调，自然和帮助照顾女儿的奶奶、姥姥也没少冲突。然而，女儿两岁开始就对穿什么有自己的意愿，这场战斗我就全然失控。以她自己的爱好，常常全身都是鲜艳的颜色，布满米老鼠、hello kitty、迪士尼公主等各色图案，全然不搭。

我从最初的武断做主，努力说服，到有技巧的给她“框框内的自由”（即预先挑选出两到三件都还不错的选择让她选），直到最后接受给她选择的信心和权利比她穿得好不好看更重要。这过程不是没有痛苦的。好在最近一年女儿稍微大了一点，衣饰品位稍微开始“正常化”，但仍不妨碍她刚刚坚持穿了条农妇围裙型大花棉布长裙（天知道这条诡异的裙子从哪里来的，而且为什么她还那么喜欢！）去了她爸爸的高大上生日烛光晚餐。

当妈妈还教会了我承认自己的不能，教会了别太计较结果。

像所有妈妈一样，如果可能，我当然希望女儿成绩优异，拿奥数金牌，得钢琴大奖，去常春藤，成窈窕淑女，约会靠谱青年。但我知道，她会成为什么由不得我做主。

纪伯伦的《孩子》中那句“他们的灵魂属于明天/属于你做梦也无法到达的明天”，听起来很美，是因为它暗示了孩子不归自己控制，但会比自己更好。但残酷的事实是，TA 只是和你不同——也许更好，也许不如。比自己“条件好那么多”、倾注了无数爱心和资源、从生下来就比自己小时候健壮聪明的孩子也许永远达不到自己同样的高度，这对父母是很难接受的，尤其是一生优秀一直胜利的父母。然而对于那些在孩子在幼儿园时就规定 TA 应该去东岸常春藤还是西岸斯坦福，是该做律师还是当艺术家的父母来讲，我还是想说“大家想多了”。

但这些并不妨碍我仍会努力攒出供女儿读常春藤的钱，不妨碍我作坏人逼她上钢琴芭蕾课，不妨碍带她去旅行、去博物馆、去看演出，每天给她读听得懂听不懂的书，抓住每个机会练习算术、灌输美德；不妨碍帮她给仙女教母写信求助社交困惑，再一边开电话会一边回信以确保能在她醒来时收到回复；等她大些，我相信自己也会动用智慧、关系，帮她进好大学，管她几点回家和谁在一起……我会接着做作为妈妈所有该做的和能做的，给所有该给的和能给的……

但知道了我的不能，知道了付出和结果未必很有关联性，我决定不为自己做不到的而愧疚，例如作为班里唯一一个工作的妈妈，不认识女儿班上大部分同学，不参加学校大部分社区活动。因为我知道其实任何单独的事都没那么重要，错过一件两件不会造成什么后果。

我还决定了不为结果而苦恼。我们保证不了孩子最终的成就或幸福，但所有付出的时间和爱应该能保证在一起的十几年的快乐和依恋，保证孩子最初温暖的记忆，保证 TA 在未来不确定的世界里心里总有一点确定，这也就足够了。

我有个同事兼女友家有两个男孩，她曾经说过一句话让我印象深刻："中国不缺优秀的妈，缺的是正常的妈。"我希望自己能作那个正常的妈，那个放轻松，接受孩子也接受自己，坦然从容的妈妈。

这也许就是最好的妈妈。

附：一些关于同卵孪生子和领养家庭孩子成长经历的研究（有很多，这里是很小一部分）

1.Entwined lives, twins and what they tell us about human behavior.(Nancy Segla, Plume, 1999)

2.The nurture assumption: why children turn out the way they do.(Judith Harris, Free Press, 1998)

3.The limits of family influence.(David Rowe, Guilford Press, 1994)

4. 总结了很多研究的 Selfish reasons to have more kids，why being a great parent is less work and more fun than you think.(Bryan Caplan, Basic Books, 2011)

开学：给女儿的一封信

文|Jack

妞妞：

第一次给你写信，感觉好难啊。前些天姥姥家装修房子，找出了一大堆老爸从前写给妈妈的“情书”。你抢过来看，说“怎么都是连笔字，看不懂……”今天，我会一笔一画写，好让你慢慢看。

转眼间，你上北京中学已经整整一年了，从被夏校长面试选中，到和其他 80 个孩子一起，成为北京中学第一届学生。在偌大的校园里，你用中学生的方式完成了小学六年级的学业。上星期你原来的小学举行毕业典礼，小同学们也都要去各自新的中学，大家要各奔东西，去经历不同的故事了。是不是很像沈程阿姨家大金毛妈妈生的 10 只小金毛？前三个月都和妈妈在一起，然后一只一只被人抱走，要在不同的人家开始全新的生活了。

我知道你特别喜欢在北中的日子。现在你们马上就是真正的初一学生了。在未来的六年里，你们会是第一个体验北中初二、初三、新的高中、首届毕业典礼的人……你肯定都等不及了，想要一个最棒的、最有意义的六年。你想要成为什么样的人，经历什么多姿多彩的事呢？在老爸这里，我只默默等待一件事发生。

就像夏校长说的，“孩子是种子。要给他们时间，让他们慢慢成长……”那你猜，我在等待你在这六年里长成什么？是学霸吗？你数学、英语都不错，也许再背下整本《论语》和五百首唐诗就差不多了……是校花吗？我已经看到你穿着连衣裙的背影开始显露出迷人的线条，你们班上的那些小子们早晚也会发现的……是获奖无数，然后考上名牌大学吗？就如同大家比着上好中学，是为了好大学，再为了好工作、好生活……

这些都有可能发生，但并不是我最期待的。妞妞，老爸真正关心的，愿意在未来耐心等待，热切盼望，想能在你身上发生的，只是一件事：我想看见你的心里“嘭”的燃起一团火，可以越烧越旺，把自己照亮！

没有这团火，你只是一条拖船，没有自己的动力。水道再开阔，船舱里放再多金银财宝也没有用。因为你要靠别人拉扯，不知去何方。有了这团火，你就有了自己的发动机。你就有机会驾驭这源源不断的动力，让自己成为一艘飞船，遨游世界，用你选择的方式。

“心里的一团火到底是什么呢？我怎么知道有没有着火？”你可能会问。其实，我早已发现你心里的火苗了。比如，你3岁时在电影院里看《帝企鹅日记》大哭的时候，在那之后你又有很多很多次为电影流泪；在你上了北中，把菜园收获的青菜萝卜，摆在校门口，强迫老师同学买光的时候；在你一口气读完七大本《哈利·波特》的时候；在校趣味运动会上坚持做4分半钟平板的时候，在那之前你在家里最多只能坚持2分钟；特别是前几个月，家里的泰迪狗“王小熊”很不乖，到处尿尿，还把你抓伤，妈妈说要送走小熊，你一边打狂犬疫苗，一边哭着为它求情，每天照顾小熊的时候。

这些若隐若现的小火苗，要想真的燃烧成一团火，永不熄灭，有什么好方法呢？老爸有三个建议，也许可以帮助你。

点燃心中的火焰，从了解自己、尊重自己开始。就像在没有光亮和烦劳的夜晚才能看见星空一样，在每晚临睡前的安静时光，是你发现自己，并和她友好相处的好机会。咱们一直有一个好习惯，就是在你关灯上床后，老爸帮你揉揉眼睛，梳理头发，捏捏耳朵、手指……我们不怎么说话，但我知道你很舒服。就在这种放松、平静中，你会慢慢找到自我的感觉，听到内心的声音，并让你快乐地接纳自己。每一晚，只带着这一天的美好和满足，平安睡去；每一早，你的心里都会多一分光亮，让自己活力四射地醒来。

壮大心中的火焰，需要你不断从外面的世界吸收养料。我毫不怀疑，北京中学会为你们提供丰富精彩的各类课程和实践机会。我只想说，“记得先捡西瓜，再捡芝麻。”其实西瓜、芝麻都有营养。这里是用它们的体积和重量比喻哪些事更重要、更深刻、当然也更困难。像你读的全套《哈利·波特》小说就是西瓜，微信里谈论的有关女演员Emma的话题就是芝麻。你也可以说，《哈利·波特》电影就是苹果了。你的船舱里如果先放芝麻，一直是芝麻，那最后就只能放很少的苹果，没有地方装西瓜了。如果你先装西瓜，那你就会有地方放苹果，最后还可以在缝隙里倒进很多芝麻。你会什么都有，只要先去做重要的、难的但有意义的事。咱们最好的一个决定就是停掉微信。你要把大块的时间放在哪呢？希望你每年都抱一个大大的西瓜。

保卫你心中的火焰，才能让它永不熄灭。还记得你在学校里学的反擒拿吗？你和我演练，让我正手、反手抓住你的胳膊，然后用技巧一次次挣脱。你不知道我有多震惊你的本领，又多想拥抱你的老师。同样的，未来也有人想要在精神上控制你，你也需要精神反擒拿术。你要学会对那些人，想要偷走你的火、减弱你的火、甚至熄灭你的火的人，大声说不。你要充分利用学校和家庭这个温暖的环境，练习掌握主动、独立自主的能力。我希望你在和家长、老师的沟通、谈判、冲突中，最后当然是在相互理解中，从我们的手中接过主导自己人生的指挥棒。

这就是我对你在北中六年的最大期待：点燃你心中的火焰，活出真正的自己。那时你的潜能必将发出耀眼的光芒，世界会因你而更美好。而且，你不必像那 10 只小金毛一样，把自己的幸福交给别人决定。你不会是他人的宠物或工具，而是自己人生的主人。

我会为此感激北京中学的。妞妞，还有，记着：不管是这六年，还是以后很长很长的日子，老爸都会一直支持你、罩着你的。世界刚刚在你面前展开，凭着心中的一团火，大胆往前走吧。

爱你的老爸

后记（一诺）: Jack 是我清华的师兄，因为他和我们当年辅导员是一级的，所以对他心生敬畏。因为工作的关系，师兄不幸在我的朋友圈里，很早就看到了“奴隶社会”的文章，他的一句评论我记忆犹新，说“你们这个‘奴隶社会’，把我们这些深埋地下的土豆地瓜都挖出来了”。今天，他自己这块土豆也见了天日，而且还写得那么好的一手字，还带着一团火和光！真的是给清华男生挣足了面子。我的孩子还小，不过想想我对他们的希望，也真的是师兄说的，希望他们心里“嘭”的燃起一团火，可以越烧越旺，把自己照亮！

成长过程中，你学会选择了吗

文|雪儿

记得猫铃小的时候，每个暑假的午后，我都会带她去一家超市楼上玩，那里有一个很大的淘气堡，在淘气堡旁边还有一个画沙画的地方，每次，猫铃都想既玩淘气堡又画沙画，可是，我每次都会和她说，你只能选择一样，选择权在你那里，妈妈会尊重你的选择，但是，得到一样，你必须放弃另一样，这是规则！

那时候，猫铃还只有四岁左右吧，在确定妈妈的规则不可改变之后，她总是站在一边思考，心里激烈斗争着，到底自己目前最想玩什么，哪一样比较合适自己，哪一样是我今天最渴望的，她每次都是反复比较，而我总是很安静地坐在一旁看书，等着她的决定，决定是玩淘气堡还是画沙画。

慢慢地，猫铃习惯了选择。

初中毕业，升学考试那会，猫铃说，想去杭高读书，我说，你可以选择读任何一所学校，前提条件是，你要有能力进得去，既然你选择了这所学校，那么，你必须要有一个比较理想的分数，你也必须要有自己过独立生活的打算，如果你不具备这些条件，那么你现在的选择，会是你实现梦想的一个很大障碍！妈妈会尊重你的选择，但是，不会通过不正常的手段去帮助你，那么，你还愿意去选择这样的一个学校吗？

猫铃说："我愿意！"

然后，她开始努力，初三的月考其实很折磨人，特别是最后半个学期，考试的成绩都在退步，那时候，因为外公刚刚去世，外婆和猫铃住在一个房间里，外婆晚上睡觉会打呼噜，一开始，猫铃很不习惯。我没有提出让猫铃换房间，因为陪伴外婆，比考试更加重要，我只是想让猫铃明白：第一，亲情比什么都重要；第二,一个真正有能力的人是不会被环境所左右的。

猫铃接受了这样的挑战，忍受了很多次考试的失败，最后，以比较理想的成绩去了她想去的学校。而我在中考发榜那天，对她说："谢谢你，一起分担了妈妈对外婆的照顾！"

高中读到高二，猫铃重提去国外学习的事情，我又开始让她选择，我说妈妈跟你交个家底，我们没有多少钱，唯一多余的就是留给你的一套房子，还有一辆以后会给你的车子，如果你在国内读书，那么一套房子一辆车子现在就是你的了，如果你去国外读书，那么，妈妈会把这房子卖掉，那你以后读完书，什么都要依靠自己了，你可以去想想，然后，选择一个答案，告诉我们，不管你选择什么，我们都会尊重你。

考虑了几天，猫铃说："我还是想出去读书！"

那么，我就果断卖掉了房子！

其实，在她的成长过程中，我现在想来，其实有很多她自我选择的过程，而当我今天在读蒋勋的书《生活十讲》的时候，我才明白，这样的选择是一件很重要的事。

因为有选择，所以猫铃的欲望从来没有被完全满足过，更加没有被轻易满足过，然后，她明白了，人可以有很多的欲望，但是，在真实的生活里，很多时候，必须要学会取舍，有舍才有得，这是一个很简单的道理。然后，在选择的过程中，她开始学会真实面对自己，在决定取舍的时候，她必须要问问自己内心真实的需求，因为只能选择一样，所以，不会轻易去说出一个答案，反复比较衡量，以最真实的心态去决定事物的舍和得。那么，慢慢地，她就学会听从自己内心的召唤，而不是别人的评价标准，更不是在和别人的攀比中，去做出自己的一个选择。

因为选择，因为成人对她选择的尊重和信任，所以，每一次的选择她都是小心翼翼，那么在无意识当中，她养成了对自己所做的决定负责任的心态，也因为所有的选择都是自己做出，所以，从小就没有了找借口和逃避的习惯，她愿意为自己的选择去努力，也愿意为自己的选择承担失败，面对挫折。

现在，猫铃已经是大二的下半个学期了，在繁忙的学业中，又承担了教授助理和社区义工的工作，还找了一份兼职，赚点零花钱，我在心疼的同时感到最欣慰的是，她能够从非常辛苦的学习和工作中，体会到了发自内心的幸福感和成就感，还有什么比这更令人开心的呢？

然后，我也有发自内心的幸福感和成就感了！

那个永远的年轻人

文|华章

开场白：今天我们聚集在这里，纪念我的母亲，同时也是我们共同的亲人和朋友。非常感谢大家，有妈妈60多年的老同学、老朋友，有妈妈的同事、学生，有一起奋斗的创业伙伴，有很多年轻朋友，还有我们这些儿女亲人。妈妈，有这么多人来看你了，你一定会感到快乐和安详。

妈妈一直是个乐观的人，她也总是和我说，要有独特的思维方式，所以我们今天不搞传统的那一套，我们有哀思但是我们不沉痛哀悼。相反地，我希望大家多说说妈妈的小故事，如果她今天在场，一定会希望我们多点轻松幽默，少些悲痛哀伤。

妈妈，那个永远的年轻人，前天早上安详地离开了我们。

我握着她慢慢变凉的手，一下子意识到，人一生只有两个最重要的时间点，一个是生命中最重要的那个人离去的时候，另一个就是自己离去的时候。我的第一个时间点已经来了，我很想说点什么，因为等下一个时间点来到的时候，我已经不能发言了。

妈妈是我最好的朋友，那就说说她的故事吧。

第一个故事是如何保持年轻。

妈妈总是说她有健忘症，很多年以前的事情，她总是不记得，但对新东西，她的劲头可大了。从家里有第一台电脑起，妈妈就兴致勃勃地学中文输入，学上网，但她有心脏病，玩起来并不轻松。后来我给了她一个 iPad，很快妈妈会看视频，会上网，会搜索，会购物。最近这一年，又学会了玩微信，各种功能都玩得转。

自从妈妈触网，我时常会惊异于她的各种“新理念”，妈妈也因此在和我讨论创业项目的时候经常有精到的点评。是的，我经常和妈妈探讨我的创业项目，不但因为她是创业老兵，多年以前就参与搞过乡镇企业，也因为她与时俱进，思想一点不落伍，经常和我讨论互联网思维，O2O，人才的重要性，如何管理，怎么做市场，如何创造优势这些话题。

即使在妈妈晚年，她也很少回忆过去，她总是看着未来，和我一起讨论最新的互联网项目，移动互联网如何改变世界，听我畅想未来。在她的心中，未来永远是美好的，所以我知道她特别留恋这个世界，因为她想亲眼看到未来，看到她的孩子和年轻朋友们亲手创造的未来。

保持心态永远年轻，我想这就是为什么妈妈永远年轻，而且总是有那么多年轻人喜欢和她做朋友。

第二个故事是拥有爱的能力。

妈妈是家里长女，有六个弟弟妹妹，上大学的时候，她晚上会喝一碗酱油汤然后去上晚自习，就是为了多省点钱寄回家。去年冬天，妈妈专门把一双鞋送给我们小区楼下那个磨刀匠，因为觉得他冷。妈妈就这样一点点送爱给她周围的世界，但我觉得妈妈其实有更强大的爱的能力。

妈妈身体不好，走不远，活动范围就在小区里。不过她经常回来说她又认了一个干孙女、干孙子，可能是个保洁工人，也可能是个刚出道的房地产中介，她会试着倾听对方的现状和想法，也会帮忙分析优势劣势，甚至规划出整个职业发展道路。我们刚把妈妈接到北京来的时候家里找的小时工阿姨，婚姻不幸福，妈妈把她当亲人一样聊天，帮她规划未来。阿姨在我们搬家后就不做了，不过因为妈妈，她一直把我们当亲人，经常来看我们。我心里经常想，这样的待遇，几十年以来，我从未少过，我得有多幸运啊！

每次面临人生重大选择，不管是上学、出国、创业、爱情，还是人生最灰暗的时候，妈妈总会和我彻夜长谈，谈各种选择，谈我内心的感受，分析各种可能，但最多的是谈未来，追逐我的内心，做自己真正想做的事，成为想成为的那个人。

我还记得刚开始和一诺在一起的时候，她们第一次在电话里交谈，就聊得特别开心。她们都是急性子，效率高，都热爱生活，感情外露，所以一见如故。2007 年我们回到北京，2008 年接爸妈来北京，2010 年开始和我们住在一起，一诺很早就和妈妈结成了统一战线，她们性格相投，互相欣赏，一起“挖苦取笑打击压迫”我，把我变成了家里的底层阶级，也就是“奴隶阶层”。

妈妈把对我和姐姐的爱，同样地给了她的媳妇和女婿，她用爱构建了两个美满家庭，和一个快乐的大家庭。

对妈妈来说，爱就是鼓励、倾听、交流，是花时间，是和对方交朋友。

第三个故事是给梦想一点空间。

很多年以前，姐姐面临大学的选择，是妈妈的坚持和努力，姐姐学了建筑，她最想学的专业。一年以后，我面临选专业，妈妈又一次支持我学生物，只因为那是我的选择和最爱。后来我出国，姐姐去上海，留下年老多病的爸妈在郑州老家，是妈妈一直在艰难地支撑着，她从未后悔，为了我们可以追寻自己的梦想。

妈妈一生追求精神，轻视物质，这也深深影响了我们。好房子好车从来不是我们谈话的主旋律，更大的梦想才是。今年春节开始做微信公众号——“奴隶社会”，那个时候妈妈刚做完癌症手术没多久，冥冥之中可能是我想找一种方法和妈妈对话，并给她生活的勇气。一诺和我的文章，妈妈都认真读过，也算是完成了另外一种交流吧。妈妈也在“奴隶社会”上交了不少年轻的新朋友，也给了她很多鼓励和乐趣。

梦想是“奴隶社会”的主题之一，我觉得非常幸运的是，我们因此聚集了这么多有梦有趣的年轻人，妈妈当然也是其中之一。

妈妈今天要离我们远去，我仿佛又回到了我们的孩提时代。

妈妈是搞球墨铸铁的，她每天骑着自行车回家，经常会带回来一些好玩的小东西，一些圆柱体的铸铁样品，其中有一面总是光洁如镜。还有吸铁石，碎铁屑，把铁屑放到纸上，磁铁放在纸的下面，铁屑就会形成美妙的图案，令我迷醉不已。

我想，妈妈就像一块吸铁石，她有一个强大的梦想、爱和沟通的磁场，我们有幸生活在她的周围，都被她磁化了，自己也都变成了吸铁石，有了自己的磁场，再去磁化其他人。

梦想，爱，沟通，是妈妈一生的追求，她还没有做完的事情，我们会帮她一直做下去。

后记：这篇文章发出来的时候，妈妈可能已经在去往八宝山的路上，她就要实现她最终的期望，化为尘土，回归大江大河。母亲永远在微笑着看着我们，她的爱会一直伴着我们去更好地生活，去实现那些美好的梦想。

看华章之前写给妈妈的文章，请关注“奴隶社会”以后发送“妈妈”获取。另外感谢摄影师玄力，这么多年来给我们家留下了这么多好照片。让妈妈的音容笑貌和我们常在。

一诺：文章的名字是我起的。我亲爱的婆婆，在我心里是一个永远的年轻人。任何一个女人在结婚的时候，心里都会对婆媳关系有点小紧张。我也不例外。但我是如此幸运，和华章结婚的 13 年，我婚姻之外最大的收获就是我的婆婆。她有智慧，有爱，又幽默风趣；她总能让你看到更好的自己，每次和她交谈我都能收获到希望和力量。我事业上有所谓的小成就，每次她看到各种对“女强人”的访谈、文章，就会点评一番，说我看我们一诺比 ××× 强，而且有理有据，完了为自己的“臭美”乐一番。记得有一天她若有所思，说我觉得吴仪挺好，咱们一诺也有可能有那样的成就！不过后来一想，说不行，你有个申华章，成不了吴仪。看华章，都是你拖我们一诺的后腿！说完大家哈哈大笑。

我在北京的时候妈妈住院，看妈妈躺在病榻上，她给我讲过的她年轻时的故事在我脑子里一幕幕闪过，在那个白发苍苍的身体里，我看到的还是那个充满了激情、梦想、理想主义和浪漫情怀的年轻人。妈妈最近这几天情况不断恶化，我知道这一天很快会到来，觉得好像准备好了。但妈妈离去的消息传来，还是根本忍不住泪，心里像压上了一块巨大的石头，现在还在那儿。

亲人的离去，你永远不会准备好。我们能做的，只能是把我们的思念，化作对妈妈永远的记忆，像妈妈希望的那样，好好继续我们的生活。我们知道，妈妈会还是那样笑着，永远地看着我们前行。

Part5

任逍遥

我的后咨询时代：在北京时尚创业

自由而无用的灵魂

非典型小神

25岁，我们聊聊中年危机

发呆，十三点

一名喜剧演员的自白

凹凸有致，改变命运

屌丝男的中科大幸福生活

美国圈子

买房子这件事

那些公益教我的事

我的后咨询时代：在北京时尚创业

文|Stella

说起在北京创业这个话题，千头万绪，七天七夜也说不完，只能慢慢道来，希望对大家尤其是那些考虑自己后咨询时代要干什么的同学有帮助。

我选择了时尚创业。

所有的创业类杂志和投资人都在说，创业要追随本我，做自己喜欢做的才能成功。但等我真创业了，才明白，那些都是媒体和投资人说的高大上的理论，忽悠有志青年的。现实中，中国投资人只关心你的发展速度（几年能上市）和最终的市场规模（是否能把全中国13亿中国人都圈进来），其他的一概不关心。

不幸的是，我天真而真诚地选择了我喜欢做的事情，时尚创业，创建一个源于中国的国际时尚品牌。虽然读商业管理和经济，在纽约一流管理咨询公司行走多年，但是另外一个我是极度热爱设计和艺术的。当年选择去耶鲁读书，一个非常重要的原因是，在耶鲁12所学院中有三所是艺术学院，是全美综合性大学里面艺术学院实力最强的。

以战略的眼光看，中国正在从盲目、初级的消费心理，向理智沉淀的消费状态过度，疯狂追logo的野蛮时代过后，必然会进入追求个性化和独特性的成熟消费阶段，那时市场对个性化、高品质原创产品的需求将会爆发。我选择了未雨绸缪，把我喜爱的设计和生活方式领域，与多年的管理咨询尤其是品牌经验相结合，创建一个有文化、有设计的时尚品牌，通过艺术饰品打造可穿戴的艺术和可实用的艺术。

在这个多数人跟风创业的环境下，追随本我创业要经历多于常人的辛苦和磨难。如果我做的是时下流行的打车软件、大姨妈APP，或是手游、电商平台之类的，那么会有无数资源自动上门，包括投资人……

如果不是这种热门领域的话，对不起，那你只能靠自己了。

融资是创业中的必经之路，要想实现规模化的发展，一定要借用资本市场的力量。时尚创业的最大辛苦是，让以IT男士为主导的中国投资圈去理解品牌和生活方式行业的市场潜力和商业价值，真是太难了。无数次的星巴克和各种午餐聊天，都让我感觉我是一个对牛弹琴的布道者。大家满口谈的满脑子想的都是如何掘金互联网、把一个公司迅速上市那点事，除此以外啥也不懂，啥也不关心，好像人类完全可以活在互联网这个虚拟的世界里，情感、艺术、品牌、生活方式完全是假大空的东西，完全忽略了这些东西也是可以赚钱的，而且可以更优雅、更有利润。只能感叹给IT背景的中国投资圈洗脑的工作任重而道远。

为了不浪费自己作为创业者的有限而宝贵的时间和精力，有投资人约我，我一定会清晰地规划自己的时间分配。对那些完全不理解品牌和生活方式行业的，用互联网电商标准去衡量一个起源于互联网品牌的，找理由婉拒；对本身不理解时尚和品牌，但比较open minded的，可以花40分钟喝咖啡，聊聊想法，讨论下行业热点，但我不会具体谈我的项目，更不会向他们融资。

我选择了做好自己，直到我的Mr.或Ms. Right出现。对这个TA我有非常清晰的想法，在遇到TA之前，我会坚定专注地做自己的事情。每一天大大小小的进展，都给我和我的团队越来越坚定的信心，这是一种非常宝贵的感觉，也是在辛苦创业的日子里作为创业者最大的快乐和回报。

管理咨询顾问 vs. 创业者。

管理咨询属于专业服务（professional service）行业，在美国做咨询后再到中国，感受到了巨大的价值落差。西方的思维和价值体系更注重 vision，strategy，framework（愿景，战略和思维框架），这些都是无形价值；而中国客户对无形价值很难理解认可，在他们看来任何看得见的，比如真金白银，才是真正可靠的价值。管理咨询背景的同学们注意了，基于中国普遍商业环境里这个只崇拜真金白银的价值体系，很多投资人或是市场上与你业务相关的人都会因为你管理咨询顾问的背景怀疑你，甚至打击你。

刚创业的时候，我的合伙人帮我约了与一个天使投资人聊聊我们的项目，这个天使投资人 C 是微博上非常有名的大 V，也是我合伙人的大学同学。

与 C 见面非常戏剧化，我们约在他住的酒店咖啡厅。见面寒暄后，他听说我创业前是在咨询公司工作，突然间眼白部分急剧增多，眼睛斜睨着天花板，缓缓说道："你知道吗，在这个世界上我最讨厌两种人，一种是 accountant，一种是 consultant。他们只会说，什么都不会做！"

我顿时待在那里，世界上还有这么不上台面和粗鲁无礼的人？好在我多经风雨，按下怒火，平淡地应对过去。没想到，接下来，他又抛出一个惊悚的理论，"中国有了淘宝，就不需要创建其他的品牌或是店铺了，淘宝完全可以满足中国人所有需求。"他继续振振有词地发表高见，我再次被他的无知和偏激击中。难道他从没听说过市场细分和消费升级？

经历了这次闹剧之后，我以为我已经身经百战了。没想到，那才是小巫见大巫。

后来与另一位投资人聊天吃饭，我们认识好多年了，算是朋友，而且他也在咨询公司做过。我想这次的谈话至少应该是愉快的吧。席间，他问我做成自己品牌的把握性。我讲了我的想法，当说到，我以前在美国服务过很多奢侈品品牌客户，了解国际品牌公司的最佳实践，对我们在中国做品牌很有借鉴意义时，他突然好似失去控制，不顾我们在一个高大上餐厅吃饭，大声说，“你不要再提你咨询公司的经验，那些根本没用！完全不适合中国国情……”

对他的激烈反应，后来想想才明白，他当年在咨询公司短暂做过，没多久就离开了。自己对咨询行业水土不服，也许积怨已久。没想到在我这儿爆发了。

这样的故事太多了。创业了，你离开了高大上的麦府或B府，变得弱小无助，很多人在这个时候就会跳出来虐待你的情感，享受精神上的快感，尤其是那些因为各种原因对管理咨询公司羡慕嫉妒恨的人……

这个世界上从来不存在这种说法，什么人适合创业，什么行业的人不适合创业。中外成功创业者的背景和创业的行业都是丰富多彩的，成功也没有什么定式。

Stella做的Zivarly品牌旗下的璀璨人生戒指，配诗来自波兰诗人辛波斯卡，“我致力于创造一个世界，为自己描绘惊喜”，非常好地代表了一个专注创业者的心态。

离开高大上的职业生涯后，要做好充分的心理准备，会有以前的朋友或是陌生人撕下含情脉脉的面纱，赤裸裸地对你不理解、怀疑甚至打击。创业者必须有个强大的内心。燕雀焉知鸿鹄之志，要有不理会别人闲言碎语的定力。

如果你创业是想做个天长日久的事业，而不是忽悠钱的昙花一现的泡沫，那么创业前想清楚，创业后要坚定。

1 号店于刚给我们的启示。

2014 年 4 月我荣幸地在美国康奈尔大学康奈尔中国论坛上演讲，1 号店的创始人董事长于刚也在同一个论坛上，于是我有幸向这位创业前辈取经。1 号店初创时的艰难，尤其是来自投资圈的精神虐待，让每一个创业者都有强烈共鸣。在此分享，希望与大家共勉。

于刚也是海归，康奈尔的硕士和沃顿的 MBA。1 号店刚刚成立时，融资一直没有进展，大家非常着急。一次，于刚和创业小伙伴满怀期待地跑去见一名投资人。这名投资人与他俩聊了十几分钟，就开始批评他们："职业经理人知道如何从 1 做到 10，但不会从 0 做到 1……我愿意给你们免费上一堂课！"

在回公司的 1 个多小时的地铁车程上，于刚和其他两个人沉默了一路。但这并不是因为沮丧和挫败，而是在不约而同地思考应该如何坚持下去，证明给自高自大的投资人看。结果是，于刚和他的小伙伴们用 1 号店的成功给这位投资人上了一课！

1 号店创业之初的经历，还有无数其他的案例，包括 Apple 的诞生，都证明了：真正伟大的事业，初创时都很难被常人所理解。创业者必须要有足够的定力和不可动摇的信念："走自己的路，让别人说去吧！"

我自己觉得，海归或是管理咨询顾问创业还是非常靠谱的。以前求学或是工作中所建立的国际视野、战略眼光，以及拥有的相关行业和客户的最佳实践都是非常宝贵的。只是在实战中，要在低头走路和抬头看路中分配好自己的时间精力。不要在事情多人手缺乏的情况下，过多陷入每天的细碎事物。也不要做做不来的事情，一定从第一天开始打造自己和团队的执行力。

创业就像我们每个人每天过自己的生活一样，一定要拿出“我的生活我做主”的态度。如果你当年曾经以一往无前的精神冲进高门槛的管理咨询行业，那么在后咨询时代创业拿出同样的态度和努力，也会走出一条属于自己的路。

终于有一天去践行以前自己给客户的建议，并且创造出实打实的成果，是一件无比快乐的事情。

后记（一诺）：标签这个东西，在职场和职业讨论里是被用得最滥的，没有之一。Stella 的创业道路，就是在和滥贴标签的各色人等打交道的道路。之所以大家愿意贴标签，无非两个原因，一是不求甚解，标签一贴万事大吉，而不去研究和了解具体的事，具体的人，具体的问题。其实哪怕同样的行业，或者同样是所谓的名校毕业，实际做的事情、经历可以是千差万别的。二是源于不自信，所以用标签贴自己，贴别人，以得到心理上的自慰，或者对别人居高临下的快感。

所以我欣赏和敬佩 Stella 的选择和努力。她的团队在创业三年的时间里，推出了 500 多件产品，而且实现了盈亏平衡。她选择了坚持做个性化、高品质的原创产品，她说过自己的愿景是做一个源于中国的国际化的时尚品牌。我为她的这个愿景而激动。有一次和 Stella 聊天，讲到我们看到的世界。讲到很有意思的一个感觉就是好像可以 see the invisible——不是 IT 男每天搞的“看得见摸得着”的东西。咨询做到一定程度，是这种感觉，创业上对前景和未来的把握，也有这种感觉，很有意思。你要是觉得一头雾水，那多看“奴隶社会”的文章吧。

自由而无用的灵魂

文 | 52609

母校复旦以培养“自由而无用的灵魂”而荣，而我回首自己的成长，却是很大程度上在用“随大流而实用的精神”指导自己的决定。我对哲学理论上的“实用主义”所知寥寥，“无用主义”更是杜撰来做对比的产物，不过想借此对比，讲些自己成长途中的小故事，说说其中的思考。

在“无用”和“实用”之间的挣扎和纠结，曾经一度为我定义着“多好才是足够好”、“为什么要改变自己”和“下一步做什么”。

多好才是足够好?

实用主义的种子大约是伟大的应试教育为我种下的。作为一个在小学中学各种微信群中被昵称为学霸的人，我对应试教育并没有那么多的怨言——事实上，三不五时地我还常担心这条年轻人们的上升通道被阻断。应试教育并没有使得我课业负担过重或是死读书，但是却使我从小对“多好才是足够好”有了非常狭窄和浅薄的定义：分数和名次摆在那儿呢，绩优生哪里需要担心自己还不够好，鲜花掌声都随着“知其然”来了，谁去挂念“知其所以然”呢。所以虽然一路顺利地拿到各种荣誉和认可，却从来不敢也不能妄称自己是任何一个领域的专家；对任何事情都没养成钻研到底的习惯，好奇心也似乎早早被功利心取代。

在这种实用主义的指导下，有不少经历被我当成一次考试来对待，并以是否通过来作为判断是否足够好的标准，因此才有考过 CFA 就忘了好多分析该怎么做、拿了驾照好久还开不好车、做了多年的咨询顾问却没有行业知识的积累……不仅“浪费”了这些原本可以很丰富的学习经历，而且理所当然地吃到了苦头。然后开始很认真地问自己，多好才是足够好?

一个无用主义者大约可以用更广阔的胸怀看待这个问题，因为“好”是一个没有底的事情——食不厌精脍不厌细——更何况评估的标准往往大可商榷。所以趁早开阔自己的眼界，提高自己的“审美”水平比较要紧，这样才能确立下来无用主义者私人定制的“足够好”的标准。比如我有一个女朋友，不管“玩儿”什么东西，都会从玩票级别升级到准专业级别，从喜欢烹饪到出了几本美食书；从喜欢拍照到成了个朋友圈里可信赖的摄影师——她让我认识到，对“足够好”的追求可以是自己定义而又没有止境的。还有一个男朋友，此君乃是“乐为人师”的践行者，同样一件事情，哪怕是倒车入库的最优方法，他总会琢磨其间的科学原理，并总结出各种像模像样的经验攻略教会其他人——他让我认识到，知其所以然才能传道授业，而能否在一件事情上传道授业也通常是检验是否“足够好”的一个实践标准。

激励着我去理解如何定义“多好才是足够好”的还有一件事，那就是自己做了母亲，深感在指导另一个人人生观和世界观建立的过程中责任重大。我这个新晋“无用主义”者在将来小孩儿的教育问题上，可能有很极端的两种反应：如果评估机制很符合我的“审美”观，那为什么不能做到足够好？而如果评估机制还像 20 年前那样无聊，我只能说成绩名次都随便吧，真实水平咱自己掂量……这么想想对父母的要求还真高。而对自己，路还长着呢，慢慢找补吧。

为什么要改变自己?

这个问题是关于人的性格。翻看以前的笔记随笔，督促自己做这样那样的改变的文字比比皆是，自己在听别人给的反馈时，也更听得进“需要提高的地方”。人为什么要改变自己呢？对实用主义者来说，那是因为成功有一个固定的范式，或者说至少是最高效的范式。记得在咨询公司的时候，大家热衷于一种叫做 MBTI 的性格分析，并发现绝大多数做到合伙人级别的人都是某一两种性格特质的人，小朋友很容易对着这种范式，琢磨重塑一个自我的可能性。我自认是个内向敏感型人，有段时间就中邪了觉得需要开发自己社交能力的一面，逼着自己去参加根本不想参加的聚会，结果呢？累死了。其实对内向敏感型人来说，如何更好地管理自己的精力是非常重要的，不然大约抑郁的概率会提高很多，还哪有什么闲情逸致谈成功。

一个“无用主义”者对自己的性格大约会宽容很多——自己是第一位的，何必让“成功”扭曲了自己？在如何对待自己、改变自己这件事情上，我发现心底的“安全感”很重要。有些人的安全感大约与生俱来就比别人高，比如有两个小伙伴，在各种高大上的咨询投资公司浸淫多年，但依然过着其固有的特别接地气儿的生活，关键人家也丝毫不焦虑要改变自己。而对于“安全感”没有那么强的人，要对自己宽容就需要一点儿修炼了。我的体会是，不如索性先“认输”，接受自己的这些对成功而言的不完美带给自己的所谓负分项，然后更加放松地去看待自己的可能性，认识自己实际面对的局限，从而接纳自己。这么说有点儿绕口，一个类比的例子是，家里长辈前段时间疑似某病症，紧张得不得了。父亲说：“不知道是否有病的时候最担心害怕，真的确定了是什么也就没什么怕的了，有啥治啥呗。”每个人都是有自己性格类型的“病人”，如果清楚地认识了自己，性格对你的“危害”就是可知可控的，从而增加好多安全感，而可以轻松地接纳自己了。

当然了，若不是为了“成功”这种事情，“无用主义”者应该还是愿意为了爱情或者人类幸福，甚至其他“无厘头”的原因而改变自己的吧。

下一步做什么?

在伟大的影片《肖申克的救赎》(*Shawshank's Redemption*)中，有这么一句台词：“I guess it comes down to a simple choice: get busy living, or get busy dying.”(我想生命可以归结为一种简单的选择，忙着鲜活地生活，或者忙着走向死亡。)我以前常常会需要考虑：下一步、下一个职位、下一个东家……做什么呢？这部分的实用主义基因来自于第一份工作咨询公司的培训，两到三年一级的职业台阶完整规划了每个人的发展路径，“升职或者离开”的机制使得每人脑子里都有个小闹钟在滴答滴答。对世界的认识是，人永远要为将来在规划，踏好今天的每一步，为预期中的下一步做准备。

离开咨询公司后，我常常感到不适应的一点就是看不到清晰的将来，不知道怎么使力为将来做积累。不少咨询公司跳槽去企业的同事们可能一开始都会做一些战略、总助、项目之类的听上去有些“务虚”的工作，不知道你们是不是也在刚开始新工作的一段时间里很焦急地想确定自己什么时候、如何转去哪一个“职能”部门。这里头固然有技术层面上的讨论(公司的组织架构、行业特点等等)，可是，从心态上，这种急迫感不见得能帮到你。新近我常问自己的是，当你的每一步都只是为了给下一步做铺垫，每一个决定都是为了最优化将来，那么，最终的下一步和最终的将来不是对每个人都公平的“告别人世”吗？何必 get so busy dying？

而“无用主义”者是活在当下的代表，每件事情都不必是有用的，但每件事情本身就是它自己的目的，做每件事情，我希望我享受其中的过程，这种忙碌指向哪里？“大体(方向)则有、具体(路径)则无”，因此也或许不再那么关心，因为咱忙着 get busy living 呢。

总结一下，在离开学校，离开咨询公司这两个象牙塔后，从“实用主义”向“无用主义”的成长中要完成以下三点。

首先，不要满足于或受限于外界定义的“足够好”标准，多开阔眼界，提高自己的审美，定义自己的标准，让实践去检验它；

其次，不要担心自己不符合成功所要求的性格类型，宽容地认识自己，接纳自己；

再次，对未来的规划，本着“大体则有、具体则无”的原则，专注当下，享受过程。

前两天和一个同事聊天，大家刚一起完成一个比较复杂困难的项目，同事评价说：“52609是一个‘聪明而又厚道’的人。”——看来我在“实用主义”阶段没有太跑偏，下一个“无用主义”阶段，让自己成为一个“有深度而又有趣”的人吧！

非典型小神

文|榕二

序（华章）：榕二是我们以前在洛杉矶时候的好朋友，是那种一起谈过人生理想的好朋友，因此虽然天各一方，偶然重逢还是可以推心置腹。文中描述的小五让我刹那间想起一个大学好友，是他当年告诉了我大学时代最重要的一句话："不要把分数看太重"。我想他在那个时代就已经明白了他最终想要什么，而这个过程仍然耗费了我很多年。

我和这个朋友近二十年未见，也几乎不通音信，前两年见到他的时候依然马上可以谈起内心最深处的话题。他依然在大学里面做研究，没有车，没有手机，每天骑自行车来往于学校和家，业余的时候就读一些原版的哲学和历史。那天深夜，看着他一个人的身影向实验室走去，渐渐消失，我有一种说不出来的感觉。我想他和小五一样，自身气场太大，定力太强，由自己，而不是由周围的纷繁世界定义了自己想要的生活。

看了一诺关于如何成为"神"的文章之后，我就常常想起小五。叫他小五是因为当年大学寝室五个兄弟他最小，和小三小四没有关系。

小五是寝室里唯一的"80后"。本科毕业后在清华上了直博，毕业去了上海在一家外企做研发。这位同学的主要非典型特征是，作为受过我国高等教育的二十一世纪新青年，他几乎生活在信息时代之外，家里没电视，竟然也没网络，个人电子邮箱太久不用已经忘了，更别说智能手机和微信了。

请相信我，小五是个正常人，虽然那年回国在上海的小餐馆，当他平静讲述他的生活状态的时候，我也曾有伸手去感受他额头温度的冲动。为何这个正常的同学能从容而行非常之事，直到看了一诺的文章之后方才有所领悟：说不定小五是个“小神五”啊。

虽然一诺已经把“神”定义得相对低调了，但是我想多数人还是自然地把“神”和极品高大上的光芒联系在一起。在此分享小五这位比较低调隐逸的非典型小神，试图模糊一下“神”与人的差距，给学员们活跃一下思路。

再次强调小五是名心智正常的同学，虽然在当年网络上经常戏谑“傻得像清华博士似的”这样的严酷环境中选择了读博士，但我记得主要原因是他觉得导师人太好了，不拿青春读个博士有负其拳拳之心。博士毕业后，小五到上海的外企工作，几年中娶妻生子，泯如众人，神迹未彰。

也许这一切是从一次升迁机会开始的。某日老板找小五谈话，说部门业务这几年发展得很好，招了很多新员工，现在有一个升职的机会。

让老板有些郁闷的是小五并没有显得格外激动，更加郁闷的是小五犹豫着问出的问题：“如果升职的话工作量会不会增加？”

毕竟是资本主义企业，老板只能苦着脸说：“那你都升职加薪了，活儿怎么也得稍微多一点儿……”

之后小五在郁闷的老板面前陷入了长考，小五长考的结果是要求老板给他一段时间继续长考。看着小五在沉思中渐渐远去的背影，老板的心中想必在怒吼：“这年头‘80后’都这样吗？”

接下来几天的面壁思索决定着小五前方的修神之路，当时那片天空是否有异象，已不可考。

出关之后，小五主动找到了老板，提供了这样一个设想。小五不想升职，因为耳闻目睹，小五觉得公司里那些高职位人士包括总裁的生活并不是他想要的。小五愿意接手公司一个长期项目，也不用加薪，条件是小五每周五天工作日有两天可以不来上班，这两天小五会去上海图书馆看书。小五保证这两天看的书会在一定程度上与公司项目有关，但不保证直接相关。

老板同意了。也许他意识到那也是他想要的生活。

小五就这样三天打鱼两天织网。每天都朝九晚五，晚上按时回家吃饭，然后夫妻二人陪孩子玩一阵，哄孩子睡觉。八点之后，小五每天都会写日记。再之后，是小五的个人读书时间。我问小五都读什么书啊？小五一直是文学青年，大学期间就经常和宿舍老大两人一人一本诗集秉烛夜读吟诗作赋。在没有电视没有网的夜晚，小五自然保留了文学青年的好习惯。

让我惊讶的是，小五说每天晚上除了写日记和看诗词，都会抽些时间自修高等数学。

我当时问小五怎么这么虐待自己，是工作中会用到吗？小五淡淡一笑说："基本用不到。但是一直觉得这是自己当年没学明白的东西，想把它学得更明白一些。"

我在回忆中为此刻讲出这番话的小五浑身镀上了"神"的光晕。一诺文章中玩微积分的校园"神"毕竟有考试在前面等着呢，小五同学博士毕业，出了校园，每天夜里自修高等数学，也未必应该叫玩，也未必那么快乐，就是很朴素地想把高等数学学得更明白一些。

我问他为什么不看电视不上网呢？小五并没有激愤地批判电视浪费时间，感慨网络淡漠人情，只是淡淡地说觉得他不需要。

我问他什么地方获知新闻？小五说每天会定时收听半个小时广播新闻。我当时很想告诉他智能手机也可以听广播，但立刻觉得这个建议很愚蠢。

我问他这样的决定家里人接受吗?

小五说夫人基本支持，他又不是去学坏，每天早点儿回家陪她陪孩子不是也挺好。

我又问他以后父母医疗如果花费大怎么办？如今想来，在小神面前，尘世中的我问出的问题都俗气得尘土飞扬。

小五笑笑说父母也很理解他的决定，也许“神”也有一定的家族基因。小五父母从小就看一位中医，这位中医对父母的身体很了解。父母说了，小病就靠中医调理，如果有大病，我们攒了一笔钱，就用这笔钱去环游世界，用生命的最后时光走在享受大千世界的路上，而不是在病床上。

人生在这个年纪上的一些大事好像都安排好了，其他事情小五也觉得不重要，所以小五总是显得气度雍容、气定神闲。小五还提到一点比较重要的领悟，他反思，人生每次气血上涌嗔念浮动，往往都是因为试图掩盖什么，于是他对自己的要求是“事无不可对人言”。坦荡磊落之后，自然落得安静从容。

谈话后来，仿佛是为了让我从不断地目瞪口呆中恢复过来，小五也简单讲述了些他生活中的琐事，烦恼与哀愁。小神毕竟也食人间烟火，何况还是文学青年。

这顿午餐不知不觉吃了近四个小时，我说你下午上班该晚了吧。小五说今天是周三，所以是我的图书馆日，不用去上班，时间比较灵活。跟你吃完饭，我就坐地铁去图书馆了。

由于小五不用电子邮件，他给我留了家里的地址，说可以写信寄给他。感谢小五生在有邮递员叔叔的年代，不然我可能要带一只信鸽回美国。可鄙的我一直没给小五写信，可能是不习惯信纸上没有140字的限制。小五每天都记日记，他要是能每天都把日记公开，然后我不时地去他的日记下面点个赞该多方便。

无论如何，那次长谈之后我会经常想到小五。想象在纸醉金迷、物欲横流、节奏飞快、瞬息万变的上海滩，一个并不高大上的孤单身影背着书包从图书馆走向地铁站，他的书包里装着一本厚厚的英文版高等数学，他轻轻穿过熙来攘往的喧嚣人群，他静静走过甚嚣尘上的滚滚红尘，他默默忽视互联网大潮里的万众狂欢，他在这个大多数人患得患失、左顾右盼、攀高附低、随波逐流的商品世界里，显得那么特立独行，神相庄严。

听过一个说法，人一生所有事情的终极动力无外乎归结为寻找自己，有的人向外向世界寻找自己，有的人向内向心灵寻找自己。我想小五找到自己了。

由于很难想象一个人坐在收音机旁，用智能手机上的微信分享收听心得的画面，我想除非中国人民广播电台开始配乐朗读“奴隶社会”中的文章，我想小五短期内不会知道这些关于他的文字了。等我去一去身上的俗气，再找他坐而论道吧。最好在周三。

25 岁，我们聊聊中年危机

文|仙道彰

“你想去西藏吗？”

“现在不去，等中年危机到来的那一天再去。”

在这个年龄谈论遥远而抽象的中年危机，听起来就像《男女关系》里的主人公未婚未育、一事无成却“开始认真地考虑死亡的必要性了”一样矫情，以及操蛋。但归根结底，就像女性终将不可避免地迎来绝经和乳房下垂一样，我一直相信极少有男人能躲过中年危机这一浩劫。这极少数的几个人，包括耶稣、希特勒、商纣王以及爱因斯坦。而对绝大部分的男人们而言，中年危机会在某个时间点悄然降临，避也避不掉，躲也躲不了。格非说他自己曾有过这样的经历：35 岁左右的时候，突然不想继续写作了，突然觉得人生没有意义了。其实这种感觉，具体点说就是，中年危机来了。

怎么抵抗中年危机？

曾国藩是这么干的：咬牙砺志，戒傲戒惰，日日谨慎，立德、立功、立言，肉身可腐而精神不朽。曾国藩对自己真够狠的啊，在有限的寿命里，无限地压榨自己的精力，无限地克制欲望、屏蔽机巧，把自己吊在道德的单杠上日复一日地做引体向上。“曾国藩的一生，是克己复礼的一生，是向自己的小鸡鸡挥刀自宫的一生。”对于智商和长相均处于平均化水准的男人们而言，曾国藩是追求世俗意义上的成功的最佳模版：去他妈的诱惑，去他妈的天赋，去他妈的嘉庆、道光、咸丰和同治，熬过中年危机，熬过太平天国，再走远一点，再走快一点，我就能不朽了。

如果说曾国藩象征着一种极端，那么古龙则象征着另一种极端。面对中年危机，古龙是这么干的：写武侠卖钱，乱睡、烂喝、瞎玩，用得精光，再写武侠卖钱，继续乱睡、烂喝、瞎玩，仿佛每一天都容不下过去，仿佛每一天都没有明天。“古龙的一生，是吃喝嫖赌的一生。”在他身上，你可以挑出一万种毛病。“做人，长得真丑，像个慈祥的杀猪的；过得稀烂，乱睡之后有私生子，烂喝之后闹酒炸被人砍；作文，一不研究历史，二不考据武功，三不检点情节，虎头蛇尾，前后矛盾，逻辑混乱，男人都是因为义气吃亏，女人都是因为珠宝背信弃义，几乎所有的小说都不适合拍电影。”但即便如此，也还是无法阻止我喜欢古龙多过喜欢金庸，因为在古龙的文字里，你既可以看到最闪亮的牛逼，也可以看到最真实的脆弱。

冯唐写给古龙的这段话，写得真好：“文字和人一样，很多时候比拼的不是强，是弱，是弱弱的真，是短暂的真，是嚣张的真。好诗永远比假话少，好酒永远比白开水少，心里有灵、贴地飞行的时候永远比坐着开会的时候少。所以，大酒之后，看到女人而不是看到花朵，看到月亮而不是看到灯泡，想起你而不是想起其他比你完美太多的人。”

面对中年危机，也有选择不走寻常路的，比如阿乙。26 岁之前，阿乙是某小县城派出所的一名警察，与作家、小说毫无关联。直到有一天，他和副所长、所长、调研员打麻将，四个人按东南西北四向端坐，鏖战一夜后，所长提出换位子，重掷骰子，四人便按顺时针方向各自往下轮了一位。阿乙就是在这一刻看到了他极度无聊的人生：20 岁的他变成了 30 岁的副所长，30 岁的副所长变成了 40 岁的所长，40 岁的所长变成了 50 岁的调研员，头发越来越稀，肚皮越来越鼓，眼睛越来越浑浊，一根中华烟抽灭了，点起烟屁股继续抽。

于是阿乙选择抛弃铁饭碗，出走北京，用阅读和写作救赎自己的灵魂，抵抗中年危机。他从加缪出发，途经卡夫卡、昆德拉、卡尔维诺和巴里科，远达加西亚·马尔克斯和博尔赫斯，直到以“所有场合都在看小说”而闻名于京城饭局。有人这样形容他：“经典场景是，一桌人都在划拳喝酒讲段子，阿乙端坐在饭桌一角，面前摊一本书名晦涩的外国小说，如入无人之境。他特别内向，特别容易脸红，一杯酒下去马上就上脸了，然后倒头就睡，睡醒了就继续看书。”

坦白讲，阿乙的这种做法对大部分人来说缺乏可操作性，盲目模仿容易走火入魔。但他随笔集《寡人》的自序里有一段文字我非常欣赏，甚至可以说是我看过的当代作家里最真诚的自白：“我很孤独，也很坦诚，我剖析别人，也剖析自己。我总是拿命来迎接、经受这个世界，毫无保留。但它最终还是将我放逐进更深的孤独。”

面对中年危机，亦存在一种潇洒的做法，就是像左小祖咒那样：从不改变，从不妥协，把冷眼当冰棍一样吃掉，把中年危机当木糖醇一样嚼掉。人到中年，依然坚决不穿人模狗样的西装，坚决不唱有正经发音的歌；人到中年，依然坚决愤怒到底，坚决歇斯底里到底；人到中年，依然坚决特立独行，依然敢唱“跟我去北方吧 / 逃离爱情的肤浅 / 南方的江山太娇媚 / 腐蚀了我的热血”这样高电压的歌词。人到中年，睁一只眼，闭一只眼，就好像中年危机从未出现过。人到中年，还傻，还天真，就是一种福分。

于我自己而言，真正促使我开始思考中年危机这个庞大命题的事情有二。其一是某日和一铁哥们通电话，他在那头说，“我女儿生了，长得真漂亮。从今往后，咱不讨论格非、冯唐了，不讨论文学和哲学了，不讨论人生的意义了，咱只讨论王朔的《致女儿书》、怎么换尿布和哄小孩子开心。”这哥们一直过得比我潇洒，爱好嚼槟榔、打架斗殴、阅读女人的身体和心理，因为袭警蹲过号子，醉酒之后跳到饭桌上唱《爱我还是他》。他曾和我说，“男人基本都好色，基本都低级趣味，基本都难以摆脱金钱和权力的诱惑。”如今哥们修成正果，生活有了新的重心，我衷心祝福。除此之外，我竟隐约感到些许孤独，好像身边少了一个人，一起嬉皮笑脸地对抗生命的荒诞和无聊。要挂电话的时候，嘴里边两句话，“兄弟我真为你感到高兴”和“小心啊，再过一两关，中年危机就离你不远了”。后面那句太残忍，终于还是说不出口。

其二是一个文艺男青年，吉他一流，嗓音二流，文章三流，在三月底的某个晚上和我一起吃蛋炒饭和小龙虾，饭桌上他忽然举杯，说，“干了它，明天我就去北京，弹吉他，唱酒吧，写稿子，开启我没有后路、恬不知耻的后半生。”这哥们年近三十，从未有过一份正经的工作，靠吉他和卖唱为生，靠双手解决自己的生理需求。他曾和我说，“人生的本质是一场意淫。”我当时酒精有点上头，问了一句至今都非常后悔的话，“你这是为了心中的那个梦想吧？”再后来，酒瓶空的空，碎的碎，剥掉的虾壳堆满了小半个桌面。干完最后一杯时我心想，等到我中年危机到来的那一天，要是因为身体虚弱、阳气渐亏去不了西藏，我一定会跑到北京去找他，就着蛋炒饭和小龙虾，再敬他一杯。

发呆，十三点

文|dududu自己玩

序（爱玛）：dududu 自己玩是我认识的最聪明且最时尚的男生，没有之一。作为一个北大本科、斯坦福物理博士，他加入麦肯锡的时候无疑被自动划归为 geek（书呆子）类。后来令人大跌眼镜的是，他的时尚和文艺程度，超过了我认识的绝大多数男生甚至女生。dududu 自己玩是一个超级能发呆的人，并为此写了篇发呆十三点，核心是怎么偷懒，虽然有教坏小朋友的嫌疑，但风趣幽默，充分展示了他的 beatibility（我为他生造的词儿，表示其欠扁程度之不一般）。

我们这些总是飞来飞去的人，为了在飞机那个逼仄吵闹的空间内存活下来，八仙过海，各有各的招数。别的大神我不知道，我的招数是发呆。呆要一点一点地发，一次以十三点为宜。

1. 通过痛苦的过程，追求美好目标的人大概没学好数学。这个东西你得作个积分，横轴是时间，纵轴是每一时间点的快乐程度，人生得让曲线下面积最大化，而不是追求曲线最后一点的高度最高。不能苦巴巴一辈子，最后总算达到目标但也没几年了。那种曲线下面积是很小的。这个道理对于一份工作、一个阶段目标等等也一样。

2. 我其实也不是讨厌客户，我就是讨厌给我派活的客户。对了，其实还有给我派活的老板。总结一下：谁给我派活我讨厌谁。

3. 小朋友告诉我他的理想工作是有 impact。我觉得他没搞清楚

impactful, powerful, influential 之间的区别，所以还是不会知道自己想干什么。

4. 我的人生理想是三句话：为浊世公子，为太平宰相，为有道高僧。少年、中年、老年，这个顺序不能错了。而且得是太平宰相，晏殊那样就不错，诸葛亮那样是不行的。

5. 将心比心，以直报怨。这不是人生哲学，这是 professional service（专业服务）的立身之本。做到前四个字就不会变成一只 asshole（混蛋），做不到后四个字你绝对是一只软柿子。

6. 中秋词以个人喜好论，排名第二的是张孝祥的《念奴娇·洞庭青草》。全篇仙气缭绕，表里澄澈，恰在有我无我之间。稳占第一的是刘改之的《唐多令·芦叶满汀洲》。一点仙气没有，全是凡人情怀。词末桂花载酒句一读即身陷其中，纵有天大本事，也只是无可奈何。

7. 佛说慈悲，这个悲字是很居高临下的。你不解脱，我很同情，但是，whatever，就是这个意思。

8. 玻尔兹曼大脑说的是这样一种情况：任何不可思议的事情都是有一定概率会实现的，如果宇宙中的某个角落有一团原子碰巧组合成你的大脑这一秒的状态，包括大脑中所有神经元的状态，那么这一团原子的意识、记忆、感觉和你完全一样。虽然这个“大脑”没有身体，没有五官，行将消散，但它自己是不知道的。那么，正在读这一行字的你，如何知道自己其实不是一个玻尔兹曼大脑呢？——What a fucking idea we physicist came up with.

9. 如果我要穿越的话，其实我还没想好我是想去盛唐还是东晋，或者北宋。我是天秤座。

10. 中产定义的上边界：不论收入有多高，还不敢随时辞职从此不用找工作。

11. 在我慢慢忘记他到底写过些什么之后，才发现，从我识字以来，没有一个形象比那只特立独行的猪更彻底地影响着我的自我认知，也没有一句话比“反对愚蠢，崇尚有趣”更深刻地造就了我为人处世的态度。他的忌日又快到了。

12. 在 professional service（专业服务行业）里怎么保持 work life balance（工作生活平衡）？我不告诉你。

13. 好吧我慈悲一下，告诉你吧。技巧因人而异，但是指导思想只有一条——你得在偷懒中获得成就感。你不能带着负疚感偷懒，你得发自内心地觉得，我比你早下班 3 个小时我就是比你牛！有了这种成就感你才会少画两张图花时间认认真真地想怎么偷懒。然后，有志者事竟成!

一名喜剧演员的自白

文|YY

到美国沃顿商学院读书之后，我没干什么正经事，倒是走上了一条谐星之路。这一年来我参加了两场学校的Standup comedy（类似海派清口，粤语译栋笃笑，也勉强算是单口相声）的演出，在几百人面前表演了我的传统强项——讲段子。最大的突破是可以用我纯正的中国口音的英文讲段子，更加喜感。

这谐星之路，始于多年前的新东方生涯，彼时我只是一个清纯的女大学生，单纯地想赚点零花钱。结果在新东方一待就是三年，收集了一肚子或小清新或重口味的段子。备课的时候必须把干货和段子夹杂，段子每在同学走神的时候就要恰到好处地出现。现在想来，这就是最早的喜剧素材。

我在很多场合表达过我对新东方的感谢。这三年里，我突破了极其内向的先天人格，习得了一种后天的表演型人格，不怕上台，不怕胡说，更不怕出丑。三尺讲台，无路可退，有人捧场自然好，无人喝彩也要硬着头皮上；学生含笑托腮也罢，交头接耳也好，甚至埋头苦睡，都要以自娱自乐的精神坚持到下课。这一段经历称之为人生的重大里程碑也不为过。

后来加入麦府，也是讲段子的机缘——当年麦府在大学组织了一个关于女性领导力比赛，我抱着去打打酱油的心情，不明就里地进了决赛。傻眼的是决赛需要表演才艺——绝不是谦虚，我真是半点拿得出手的才艺也没有。看着同台的姑娘琴棋书画，艳若桃李，我觉得干脆娱乐一下大家吧。于是我表演了一个离婚后去疯狂整容购物来寻找自我的老女人，竟然就此夺冠，与麦府结缘。

后来在公开场合讲话的机会不多，直到在沃顿的迎新会上观赏了一段学生表演的 standup comedy，心里又蠢蠢欲动起来，就报名了秋季的演出。从我想表演，到真正的上台表演，其中又是一段长路。

写段子是痛苦的，改段子是最痛苦的。随笔写几个笑话不那么难，难的是一而再，再而三地去芜存菁。基本上演出前三周我开始动笔，灵感泉涌的状态下，两个小时就能写个初稿。这初稿大约只有终稿 30% 的内容。接下来到处找不同的人聊，男人、女人，美国人、亚洲人，低俗的人、高尚的人，在这个过程中，哪些笑话强哪些弱就基本清楚了。然后就要不断修改，目标是语言简洁，punchline（包袱）掷地有声。

这个过程有多痛苦，用"抓耳挠腮，以头撞墙"形容都不为过。因为再好笑的笑话，经过反反复复字斟句酌地琢磨之后，都不好笑了。一旦不觉得好笑，自我怀疑和否定的感觉就会越来越强，觉得自己做的一切都没意义。直到负面情绪积累到我觉得谁干这事儿谁就是傻 × 的时候，基本上 90% 的内容就成型了。我们有一位职业喜剧演员来做最后的润色，专业人员的水准就是不一样，他就像一个笑话的大水库，只需一两句话他就能思路泉涌，点睛之笔往往都归功于他的提示。

成稿之后，就是枯燥的背诵。这是非英语母语的弱势，因为我不背出来，说话很有可能会磕巴，但反过来，正是由于是外语而如履薄冰，背得很熟，反倒不会忘词出洋相。演出当日，最紧张的时刻是快要轮到上台的时候，真是心跳到嗓子眼的感觉。而一旦走到聚光灯下，张嘴开始说了，一切就自然而然地发生了。

台上的体验是独特的，因为光照太强，台下是一片漆黑，看不清任何人，似乎黑夜里的一片茫茫海面。但这片海面会有反馈，扔出包袱，就有笑声、欢呼声、嘘声涌来，像和玄幻的宇宙在进行奇妙的互动。而且同学们都分外友善，你上台就会为你欢呼鼓掌，就算笑话不那么好笑，也很慷慨地叫好，感觉非常好。

第一次登台后，我好几天都像打了鸡血般飘飘然。走在上学的路上，经常有人上来打招呼，手动点赞，心情大好。不过第二次表演就没那么 high 了，虽然似乎风评不错，但感觉来表达仰慕之情的人也没那么多了，感觉观众真是——成长得很快啊……

回过头来，要说这事儿有什么意义，还真没有——耽误学习，找工作也没啥用，至于找对象，把人吓跑的作用比较大。但是这世间，有多少事是你擅长做，又喜欢做的呢？不为无益之事，何以遣有涯之生。

后记（一诺）：想必大家读到这篇文章，和我当时读的感觉一样，就是惊呆了！ YY 其实在麦府做小鳖（BA–business analyst 的中文版直译，商业分析师）的时候就非同寻常，看似内向，但聪颖能干。后来某项目经理实在是佩服得不行，问她，姑娘你到底怎么长大的啊？她说自己小时候在奶奶家，没人有功夫整天陪她，就把她放在一个洗衣机里，里面扔进去很多书，她就能待一天。而且家里眼睛能见之处都是书。所以后来她轻松去了复旦，然后轻松搞定麦府，然后又轻松去了沃顿。我听说她这故事的时候有了大娃，顿时好像发现了育儿的法宝！相比之下那些早教亲子班真是弱爆了啊！最近再看到 YY 这篇文章，才发现原来洗衣机读书法不仅培养知识，还能培养出色的人格！我一向敬佩新东方的老师，知识之外，就是“脸皮厚”。脸皮这个东西，是束缚无数职场新人的枷锁，特别是对女生。我是人到中年才开始慢慢学会“不要脸”的，YY 比我早了 N 步，怪不得这么出色！所以在育儿经上又收获法宝一枚。洗衣机和新东方黄段子——两大法宝和各位父母共勉！

凹凸有致，改变命运

文|华章

一个公司招聘员工，几百名大学生争相自报家门："我北大""我交大""我浙大"，突然有一女生喊道："我胸大！"董事长一拍桌子说："就是你了！"

一个富翁娶妻，有三个人选，富翁给了三个女孩各一千元，请她们把房间装满。女孩A买了很多玫瑰花，装满房间。女孩B买了很多气球，装满房间。女孩C买了蜡烛，让烛光充满房间。最终，富翁选了胸最大的那个。

这两个笑话还有个潜台词，那就是，不但要有"胸器"，还要有腰身！"胸器"再好，没腰也是大大地减分啊，你以为那S型就是那么容易摆得出来的吗？所谓凹凸有致，正在于此。

言归正传，如果这个董事长、富翁是你的命运君，你到底哪里凸，哪里凹，他就看上你了呢？

先说说这两大"胸器"：

一当然是能力。有关能力该怎么培养，我以前有篇文章《三十而立——工程师的选择》说的多一些。简单总结一下，你当然可以追求成为某个领域的孤独求败，但那常常是需要天赋的。更靠谱的选择是成为一个T字型人才，有一两个很精通的领域，同时向周边扩展，如果又能跨界，那可是大大的加分项哦。大量高级人才都是这种涉猎既广、又有绝活的T字型人才。至于涉猎哪些领域，你可能需要思考一下，“胸器”嘛，型好很重要。

二是沟通。其实沟通也是能力的一种，但是在我看来，它是如此重要，以至于完全应该拿出来单独说说。要知道，如果第二个“胸器”不够好，第一个再好也是白长了。沟通这事儿，我以前也写过两篇小文，《情人之间的沟通》和《520，两情相悦女生版》。那两篇都讲的是男女之事，但基本道理都是相通的。

能力和沟通需要达到什么水平？显然命运君喜欢“波霸奶茶”，越高越大的才好。

下面重点来了，这个需要凹的地方是什么呢？我冒着被无数人“喷”的风险告诉大家，是待遇。

不知道有多少人意识到了人生和股市的相似性。一个股票有价格有价值，价格往往不反映价值，价格比价值低就是熊市，比价值高就是牛市，但价格总是在价值的上下波动，不可能永远比价值低，也不可能永远比价值高。一个人的能力和他的待遇也类似，待遇往往不反映能力，但总是在能力的上下波动。一般来说，待遇总是滞后的，现在的能力，很可能会反映在下一份工作的待遇上。

如果你的待遇高于能力，老板是大爷，因为他随时可以把你换掉，你的工作表现可能还时常不能达到他的期望。但如果你的待遇低于能力，恭喜你，你是大爷，你随时可以把老板换掉，你的表现总是超出他的期望，你永远有越来越好的机会，最终你的待遇可能反而会增长得很快。我们不应该再讨论无意义的高薪低薪，更应该关注的是待遇能力比，要知道，有些金领拿的仍然是“低工资”，有些天天抱怨工资低的人反而拿的是高薪。如果你拿到了和能力不匹配的高薪，别高兴，那绝对是一场灾难的开始，你周围有这样的例子吗？

显然，待遇能力比越低，你的机会就越多。当然，如何判断那是不是一个真正的好机会（“高富帅”的命运君）是另一个话题，以后再说。

再告诉大家一个残酷的现实，打造“胸器”的过程没有捷径，丰满又美丽的它们一定是用时间堆出来的。你需要在合适的年纪，补充足够的营养，合理膳食加上运动，有充足的睡眠，和快乐的心情，也不排除使用牛奶、木瓜、按摩等各种手段。一旦最合适的时间过去了，你可能就会被很多其他事情所累，那时候再补就需要花费更多的时间。总之，保持平常心，就像快速丰胸、快速减肥、三个月英语速成这类小广告一般都不靠谱一样，提升能力和塑形是个非常考验耐心的事情。

不过，一般有一个坏消息的同时，都有一个好消息。好消息就是，“胸器”短时间无法改变，但腰身是可以马上瘦下去的！在我的这个比喻里面，你不需要做仰卧起坐，不需要做平板（plank），你只需要说：我非常想要这个机会，减薪我也干。应该知道百度俞军当年的求职简历吧，就是这个意思。

不喜欢的不要“喷”我，我这个理论只是说给那些有长远目标，不会计较眼前得失，懂得人生最重要的是机会最大化，同时经济上还有一定承受能力的人。

建议大家读读明朝的发家史，朱元璋那帮子同乡：徐达、常遇春等，都是出身穷苦的普通人，最后都牛了。全国好几千个县呢，哪个县里没有这么几个人，其他还不都埋没了。

有潜力的人永远比机会多太多，机会最大化，才会结果最大化。

屌丝男的中科大幸福生活

文|李骁军

各位同学大家晚上好！我本来想称呼大家师弟师妹的，后来一想我毕业都二十年了，按辈分怎么也算是师叔了，就有点不好意思。其实我还是有点紧张，想想我们那个年代水上报告厅是何等高大上的场合，哪能轮得到我啊。可又想我紧张什么啊，大家是来见识代表科大 80 后（1980 年后上大学）和 90 后的才气双全的李亚（凤凰新媒体 COO 兼 CFO）和姬十三（果壳网创始人）的，我充其量也就是个串场子的。况且我讲得越差，他们就越高兴，压力越小。就像大家一起去唱卡拉 OK，千万不能让唱得最好的先来，不然就不好玩了，就不像个 party 了。

我说点啥呢，要不就讲讲一个屌丝男在科大的幸福生活吧。我们那个时候是五年制，虽说大家都是屌丝，我是屌丝中的屌丝。一看外表，大家也看到我现在这样子，二十年前估计也好不到哪里去；二没爹好拼，我来自河南一个小县城；三是没车，我说的是自行车，我都是借别人的骑；而且没有女朋友。够屌丝吧，可就是这样一个屌丝的我，在科大度过了我人生中最没有目标，最没有追求，但最快活最自在的五年时光。

其实刚来科大时也有过目标，学习也挺努力，怎么说我也是我们县城最好中学毕业的优秀学生（其实我们县城就一所中学）。可一学期下来，成绩也就是个中游，而且看看那些成绩比我差的都是不如我努力的，于是意识到了考试也是要天赋的，我那点资质也就够用到我们那小地方，所以我果断改变了目标，在科大就当一“混混”，那时我最常说的话就是“同去，同去，于是一同去”。

可就我这个“混混”也是有兴趣爱好的，虽然不如李亚那样高尚，爱好如哲学、诗歌什么的。我一爱踢足球、看足球，当然水平不咋样。以至于过了很多年我还一直认为苏格拉底就是个踢球的。前两年在看 Steve Jobs 自传时看到 Jobs 愿意用他一生的财富换取和苏格拉底一下午交流的机会，我还以为 Jobs 也和我一样好足球这口。我二爱打牌，也就是娱乐消遣。可我们班有几个同学偏偏爱记牌，从开始 54 张到 108 张到三副牌，很没劲，于是我就倡导大家六个人打六副牌，一人一副，谁也别记，全凭运气，这多好玩。

当然作为一个科大理工男，我对科学技术进步还是很拥护的。记得我们班有几个牛人爱钻研汇编语言，也就是计算机底层语言，很难的，学不会我就有点自卑。后来有了 C++、Java，大家用不着学汇编了，我很是欢呼雀跃了一把。

不过科大五年我也收获了不少人生最重要的东西。一是找了个科大老婆，在校时只是暗恋，追不到。出了校门，狼群一散，机会就有了。有个科大学历还是很重要的，因为科大女生不对外啊。各位在座的科大男生，作为一个过来人，我告诉你们一个娶科大女生最大的好处。等你们有了小孩，上了学，就会发现现在小孩数学学得都挺难的，我女儿五年级，她一问我数学问题，我就告诉她，找你妈去。谢谢吉米多维奇（注：著名的高数习题集，我们那个年代的科大必读）对科大女生的培养。

二是我交了很多好哥们，现在叫基友。我们那时候没电脑、没游戏、没女朋友，大家吃喝拉撒睡都在一起，结下了深刻的革命友谊。人的朋友有三种，一是吃喝玩乐的酒肉朋友。二是互相帮助的朋友，是 friends of utility。还有就是能够交心的朋友，friends of virtue。庆幸的是我在科大，包括出了校门，认识的许多科大人，这三种里面都有，而且有些还是三种兼备的朋友。

第三我在科大收获了自信。其实我对自信的理解就是自知之明。首先我不笨不傻，不然也进不了科大，可我也发现自己不是天才。于是我就比较爱总结自己的优缺点，并能发扬光大自己的优点。意识到缺点，并不是你可以改变缺点，是你可以不让自己的缺点驱使自己干傻事。有了这点，我后来出国、工作、读 MBA、做投资，尽管见了各种的牛人，都能比较平和地面对，心想我在科大什么厉害的人没见过啊，你算老几啊。

今天的话题是和创业相关的，就说说创业有关的事。我们做 VC 的都是观察者，都是为创业者提供服务的，所以我对创业的认识一直很谨慎。雷军有句名言，“台风来了，猪都能吹到天上”。做了这么多年投资，见过“猪”跑，见过“猪”被吹到天上，见过“猪”掉下来，可终归我不是“猪”。那我就讲讲风险投资的事吧。

风险投资说穿了就像两个职业，一是算命的。我们做的事就是在合适的时间把合适的钱交给合适的人，就像 IDG 投资早年的马化腾、李彦宏和雷军等。算命的是看八字、手相，包括现在的星座。风险投资再加上点经历背景，怎么做决定，为什么创业，和什么人混，娶什么人做老婆（嫁什么人做老公），这些都是我们综合考虑的。

二就是心理咨询师。创业者都需要有点偏执，创业过程很孤独，创业的过程都有上上下下的时候。难的时候他不能和手下说，不能和老婆说，我们就是个倾听者。另外风险投资本身就是个挫折感很强的行业。你错过的永远比你撞到的多，就算你做得再牛，也很难有超过 50% 正确的决定，所以我们也需要安慰自己。

最后作为师叔给大家一些建议吧。一是要做个好人，人生很重要的就是处理好你和别人的关系。我记得 Amazon（亚马逊）的创始人 Jeff Bezos（杰夫·贝佐斯）说过，“你的才能是你爸妈给的，可是善良是你自己选择的”。做个好人，好人一生平安。

二是不要在大学里太worry。人的一辈子就那么多时间，你小时候爸妈管，不让你随便吃糖，不要太早交女朋友。等谈了恋爱，有女朋友管你，结婚老婆管你，有孩子孩子管你。等孩子长大不需要操心了，人生也差不多了。真正属于你自己的时间很少，也就是二十多岁离开家那段时间，基本上大学生活占去了里面大部分，所以千万别太担心。其实我像你们这么大的时候最操心的是我不会骑三轮车，我妈老说，看你不会骑三轮车，以后结婚有家了，拉煤球时你怎么办。所以let it be。

还有一点是要有开放的心态。其实在学校里包括以前判断一个人的标准很简单，就是看你是不是个好学生。出了校门，到了社会上，大家境遇不同，选择不同，标准就会多元化。比如我们大学自动化班四十几个同学，现在没有一个从事自动化的。今天来的几个创业者也走了不同的路，也可以和大家分享一下他们各自的历程。所以如果你做个好人，不要太担心，保持开放的心态，也许最后你没有成功，变成大佬，可是至少你成为了一个快乐的人。

我觉得这非常重要。

后记（华章）：李骁军是我中科大和一诺UCLA的师兄，现任IDG VC合伙人，这篇文章是他回科大校园创业大赛的演讲。骁军师兄在洛杉矶的时候我们就认识，也算十几年的好基友了吧。后来他读MBA、做投资，我也回北京创业，一直有交集。记得每次做一个新项目或遇到困惑都会去找他聊天，他每次都打击我说我做的事不靠谱。事后证明，在我的项目判断上，他的成功率远高于50%。不过话说回来，骁军师兄是个实在人，也是个明白人，因为不管是在大学里，还是工作或创业，最重要的确实是：做个好人，let it be，成为一个快乐的人。希望我下次找师兄谈项目的时候，他会觉得更靠谱一些。

美国圈子

文|周泽怡

几乎所有美国留学生都免不了一番碎碎念：到了美国，不要跟中国人扎堆，多和美国同学交流，争取早日融入美国圈子。美国圈子，这真是一个玄之又玄的课题，连同职场上的 glass ceiling（玻璃天花板）一起成为无数中国人苦苦挣扎又难以逾越的鸿沟。

对于像我这样在人际关系上从来不大玲珑，连中国圈子都未必能如鱼得水的人而言，在来到美国之前，哪怕只听一听这个名词，都免不了从心底里涌起一点畏缩。

而在来到美国的第三个年头，这一点畏缩，已经慢慢地，慢慢地，变成了倦怠。

在我坐在食堂里啃三明治的时候，在我每次被问到擅长什么运动都要张口结舌一番的时候，在我每个周四的晚上路过 fraternity house（大学兄弟会），听着震耳欲聋的音乐，看着从头到脚都闪闪发亮的 party 女生的时候，在我听着牧师的祝祷百无聊赖地数教堂穹顶的彩绘玻璃的时候，这份倦怠就浅浅地浮起来，又被我自己狠狠地压下去。

三年了，这个传说中的美国圈子，似乎并没有因为我在这个国度驻足的时间变长而离我更近一点。由此，又不免生出一点挫败和自卑来。

初来乍到的时候，秉着一股子新鲜，只要是跟一伙美国同学一起，不管做的事情有趣没趣，都是兴致勃勃、跃跃欲试的。跟室友一起去游泳，被一群基督教徒拉去讨论《圣经》的教义，挑一件最艳丽的长裙踩着高跟鞋去新生 party，抓着课上的同学请他们给我普及美国娱乐圈风向。

可惜即便是那个时候，疏离感就已经扎了根。其实更准确地说，这根是早早就扎下了的，扎在我的黄皮肤黑头发和永远都无可能跟美国人完全一样的口音里，扎在五千年的文明兴衰、五千年的风骚诗韵里。

不过也是在那个时候，这个疏离感小小地冒出了尖。虽然小，又被我的“美国圈子”执念死死压制着，却仍然顽强地张牙舞爪地横亘在我面前。

我还记得室友和我泡在泳池里跟我讨论中国为什么不实行全民选举，我解释了所谓的国情论，刚准备阐述另一种“不以国情为由”的观点时，看到她一脸茫然的表情，默默地把话咽下去。她只是固执地问我：“为什么不能呢？”

她觉得这是一件很简单的事情，是一个现代文明国家必然采取的制度。而我，我只能词穷。中国政治制度的复杂性，多少学者穷尽一生精力都无法参透，我无法三言两语地，向一个把全民选举视为理所应当的 18 岁异国女孩，讲中国的民主进程是如何举步维艰。

我也记得在《圣经》讨论组里结识了一个极为善良好相处的女生，和她讨论宗教和科学的关系。她问我：“你相信人是猴子变出来的吗？”我没有纠正她其实不管基督教还是达尔文都不认为人是猴子变出来的，我只是说，进化论是目前为止我知道的关于人类起源最靠谱的理论。至于上帝，上帝实在是无法被证明的。

她用和我室友一模一样的茫然又固执的表情看着我说，那你愿意相信吗？我忍不住卖弄我那一点点粗浅的关于康德纯粹理性批判的知识。我说从理性的角度而言，我相信达尔文，但是上帝从某种意义上来说确实能够满足人的很多情感诉求。我其实很想继续卖弄一下我对于政治宗教和意识形态的看法，又因意识到这个话题的不合时宜而最终沉默。

这并不意味着美国学生要比中国学生肤浅或不谙世事，只是很多事情毕竟是旁观者清。对于生长在民主社会、世代都是基督教徒的美国学生而言，要跳出这个框架，客观理性地评估民主的来龙去脉和宗教的合理地位，于我们的年龄而言确乎是一个很大的挑战。就像我在看中国社会的很多问题时不可避免会有很多死角和局限。

这种我和她们之间的疏离，没有优劣之分，却无疑让我有一点怅然的寂寞。

而更可怕的是，这种疏离并不仅仅在谈论民主宗教这类问题的时候会出现，它们在冒了尖之后，就会像藤蔓一样丝丝缕缕地抽芽，一枝枝一条条，在每一点时间和空间的缝隙里生长，直到细细密密地把我包裹起来。

于是，我是我，美国圈子是美国圈子。

我在对汉堡和三明治的接受程度上有所进步，但对于中国的食物仍有着近乎上瘾的执著。当我室友表示吃猪肉极其恶心的同时，我也在默默吐槽黑豆拌米饭跟猪食也没有大差。

我还是说不出什么擅长的体育运动。在国内的时候我还可以标榜一下自己的800米跑步成绩，然而在美国，我不仅要把米换算成英尺，还得应付“你是比较擅长短跑吧”这样的疑问。

我依旧难以欣赏在震耳欲聋的音乐里扯着嗓子跟人说话的party。更不用说穿着露肩又露腿的裙子站在洛杉矶冰凉的夜风里这类对于美国女生毫无问题的事情，对我又是一场怎样的折磨。

我也仍然对美国娱乐圈一头雾水，水平停留在就像在中国只认识周杰伦而绝不知陈绮贞那样。究其原因，大约是我英语始终不够好，领会不到其语言中的音韵美，从而对英语歌也无从欣赏。倒是国语歌坛里，每年总能有那么几首，光靠韵脚就能瞬间抓住我耳朵。

我在这个国度待了三年，若说在美国圈子的方向有什么进展，大约是我有那么几个学友，有那么几个可以一起吃饭喝咖啡 hang out 的普通朋友。但是我没有可以交心的美国朋友，一个可以跟我谈天说地而不会话题枯竭的美国朋友。一个都没有。

有个外校的同学跟我说，他刚来美国的时候上课还会主动跟旁边的美国同学搭讪，到后来美国同学主动跟他说话他都懒于搭理。我听得有点好笑，又觉得有点可悲，后来又生出了一点共情。

他的这种倦怠，虽然略显极端，却并非不能理解，甚至在我的身上也有明显的体现——我再没跟哪个美国同学去游过泳，也不再参加什么《圣经》讨论，更对各种疯狂 party 敬而远之。我有点自暴自弃地预见到，即便我再多做几次类似的努力，也不见得能更靠近一点这个所谓的美国圈子。

而站在这个进退维谷的关节点上，我免不了开始反思，我费尽心思地走进美国圈子，初衷到底是什么呢？

是让我在美国活得更好。

那我现在活得不好吗？

似乎挺好的。我刷微博微信，也刷 Facebook 和 Linkedin。我需要人一起做项目的时候找得到美国同学帮手，我需要谈历史谈哲学的时候也自有国内的同学可交流。最重要的是，我不爱吃三明治，不相信上帝造人，不参加派对，不认为中国能瞬间变成全民选举，不欣赏美国流行歌，也不见得会被我的美国同学们排斥。

通常而言，一个成熟的、受过良好教育的美国人，懂得尊重别人的文化、信仰、思维、爱好，不会随意评判一个人，更不会对别人的生活指手画脚。

我发现在美国，哪怕像我这样不怎么玲珑的人，也可以活得很自在。我不需要挣扎着去挤进一个我并不属于的圈子。我要做的，只是去观察，去了解，去包容，去尊重，去等待时间慢慢软化那些叫做疏离的藤蔓。

我把我的藤蔓探出去一点，再探出去一点，慢慢地勾住他们，形成一个小小的，却不断生长的交集。

这就够了。我还是我，美国圈子还是美国圈子。

买房子这件事

文 | 一诺

来美国的中国人，大概都有两个情结，一个是“美国圈子”，另外一个就是“美国房子”了。

不知什么时候起，房子这个东西成为了衡量“成功”的核心量尺之一，刚能糊口的租房，过了这个坎的买condo（公寓），买townhouse（就是所谓的联排屋），小有基础了买“独立屋”，再牛一点买大独立屋，更牛一点买带泳池的大独立屋，再牛的买山上的带泳池的大独立屋，当然再往上还有无穷多级，不过那些跟我们大部分人大概关系不大，喜欢YY的请自行参考WSJ房产版寻找人生动力吧。

于是大家每天奔着前程，从租房到买房，从小房到大房，从大房到更大房，从一个房到多个房，每次都按收入三倍买到极限，然后哼哧哼哧挣钱，还贷，勤勤恳恳按部就班，走完这房子贯穿的一生。可能没有什么东西和房子一样，能和我们每个俗人的生命有这么紧密的联系，成为芸芸众生对自己和对别人的核心评价体系，没有之一。对自己嘛，三四十岁要是还没有买房那真是太失败了，出门都抬不起头来。还租房，啧啧。看别人嘛，总想知道这人住哪，是不是牛学区，是不是富人区，白人多的区……一旦知道他房子买在哪，就可以把这个人在心里的标尺上按到某个格上了，好用得很。这种标尺对凡人适用，对名人更适用。香港各路明星注定是住浅水湾深水湾的，土豪的房子必定是客厅里有游泳池的，冯唐这种高逼格的必定是在北京有四合院的……

大家这房子情结是如此之重，以至于在美国周围都有各路高才生做房地产中介的，自己解决房子梦不说，还帮朋友满足巨大的心理需求。在加州还可以帮国内各路土豪满足海外置产的心理需求。看在美华人名校硕士博士毕业做中介卖房子，就像老外看中国医生去做医药代表一样不可思议，但说到底这是市场机制，需求大，收入好，聪明人看明白了为啥不做？

这次到美国，因为有在一段时间里安家的需要，又开始考虑房子这件事，越琢磨发觉其中有很多混蛋逻辑，绑架了几乎所有的中产阶级，也包括俺自己。不过声明一下，俺不是房地产专家，看房买房经验也都有限，之所以称它们是混蛋逻辑，是因为自己也曾深陷其中纠结不已而已……

逻辑一，住哪儿定义了你是谁。

你要是年薪 ×× 万，就应该住 ×× 地区。潜台词是因为那个地方高大上，所以你去了就显得你高大上。所以你的教育、工作、能力修养这些虽然重要，但住哪更重要。因为一看你住哪，别人就能在标尺上把你按上了，这些内在的、教育、修养啥的，如果不能变成房子，又有什么意义？所以一定要把自己的价值外化，变成房子，而且随着自己“价值”的提高，把它变成更大的房子。

这逻辑混蛋吧，典型就是靠外在来定义自己。我从一个区搬到另外一个区，这个物理移位怎么就改变我的价值了？怎么就突然屌丝变女神了？你可能说住哪定义你是谁这有道理啊，环境很重要啊，与什么人作邻居很重要啊，孟母还三迁呢。这个我同意，而且我也有娃，当然知道环境和邻居重要，但是如果环境达到安全干净舒适方便的要求，在这之上，区和区之间的差别，那就真是大部分人被这个逻辑绑架的从众行为的结果。大家想想是这个道理吧？也就是说如果有足够数量内心比较强大的人，选择扎堆住在一个比较“差”，但满足上面说的要求之上的区，这个区不也就高大上了？孟母那时候，追寻的应该就是这些邻居。只是可惜这个“足够数量内心强大的人”是很难达到的前提。所以大部分人咬咬牙去住被大家炒上去的所谓的“好”区，选择靠住在哪来定义自己，同时给没住进来的人更大的压力，然后“好”区的房价就在大家的一次次咬牙中越炒越高，让住进来的人觉得自己的价值也随之越来越高，飘飘然间发现坚持住在这四面墙里轻松就实现了“人生价值”……

逻辑二，你该买 ×× 万的房子。

我挣多少钱，相应的就应该买多贵的房子，这个逻辑估计所有在美国买房子的人都听说过。这个逻辑其实也很混蛋，怎么没人说，你挣多少钱，就应该买多贵的衣服呢？只有房子，要踮起脚尖伸长了脖子去够那个上线。我如果有一百万的支付能力，买个六十万的来住为什么不可以呢？你又要说我了，这不一样啊，房子这是置产啊。“产”就是 asset。那你说对于一个人和家庭来讲，到底什么是有价值的 asset？我如果把那四十万带全家去环球旅行，或者投资给自己折腾个事儿，或者去学点东西，或者就是每天在生活上不用那么拮据，换一种生活方式，那不也是在积累资产？如果明天咱俩都一闭眼，你说是你这辈子过得爽，还是我这辈子过得爽？你又要说了，我可以把 100 万的房子留给孩子啊，你只留个 60 万的，当然我好；那我说，真的吗？你的孩子会因此更成功或者更快乐吗？所以说吧，还是混蛋逻辑，经不起推敲。

逻辑三，私密性越高的房子越好，离邻居越远越好，最好没有邻居。

这个我说得有点夸张，不过美国买房子，总是在遮遮掩掩地宣传这种价值观。山上比平地好，看见鹿比看见人好。人多埋汰，见到这么多人多烦，要邻居干吗？这个我要是住个一两周的度假屋，完全同意。要是自己的家，第一个星期开山路出入，看见鹿还新奇，要是整天开山路，见鹿不见人，就烦死了，憋疯了。我是怕麻烦，好热闹。但人是社会动物，之所以这么多人说在美国好山好水好无聊，这太私密、不热闹就是重要原因啊。而且咱还没有到社会名流的地步，可以弄一个山上私密的大房子成天开 party 解决热闹问题，所以这种私密性高的对俺来说没那么大附加价值。你可能要说了，这对孩子好啊，多接触自然。但是一个大房子，再大的院子，这“自然”有多少呢？美国随便的社区公园的“自然”不都比你家大？当然这个说回来，不是我矫情，还是个度的问题，房子当然要有私密性，当然有花园后院好。但是俺实在觉得没必要大张旗鼓，多花钱去山上整个私密的宅子：每天开山路上下，费油耗车；走路哪也去不了，走出去一个小时见不到人，干啥都得开车；买菜一周到两周一次，啥都吃不到新鲜的；“自然”倒是有，但别忘了自然也包括各种飞虫，不请自来扰民咬人的……毕竟房子这个东西在很大程度上会决定人的生活方式，不管你愿意或者不愿意。所以知道自己要什么很重要，不要被这种被广泛宣传的“好房子”的价值观绑架，住给别人看。

逻辑四，房子越大越好。

这个也是一个度的问题，家里有几口人，应该有足够大的地方够全家舒服的生活。但是在那之上，倒真不觉得越大越好。俺和大家一样，都在网上看着照片垂涎过大豪宅。但总好奇，住在那里面啥感觉。看《了不起的盖茨比》那大庄园，多么高大上的生活，但艳羡之余，有没有想没想过晚上灯一关，一小家人在里面住啥感觉。俺对大豪宅各种 YY 的彻底苏醒，是得益于俺们家现在的阿姨。她在美国做了十几年阿姨，啥房子都见过。曾经有几年她是在加州著名豪宅区 Atherton 某台湾人的大豪宅里做的。豪宅的停车场比社区小公园都大，家里没几个人但是雇了三个阿姨。阿姨们自己住一个楼，要通过一个地下通道才能到“主人楼”。晚上一片漆黑。主人告诉她们说，如果他们不在家，谁打电话也不要接！黑漆漆的晚上在地下通道里听到电话催命似的一遍一遍地响，那个毛骨悚然，现在阿姨还记忆犹新——“太吓人喽！”

所以房子越大并不一定快乐越多，但房子越大麻烦越多倒是肯定的。经常有朋友问俺关于怎么达到所谓的“work-life-balance”。当然首先俺觉得“balance”是个妄念，生活就是歪歪扭扭地走的。歪歪扭扭能走得下去的一个重要原则就是不要把自己的生活搞得太复杂，把本来给自己服务的东西搞成自己的祖宗来伺候。最近一直热传“断舍离”的概念，俺们发现其实在一定程度上一直在实践，所以不搞大房子也是在执行这个原则。

逻辑五，打理房子是件幸福的事。

现在有一些写给国内朋友看的文章，讲美国的生活，讲到打理房子的种种在美国要学会自己做的事。乍一听起来挺新鲜，自己给草坪除草，自己有车库，自己修修补补房子，自己可以买到所有工具，而且美国人就是这么过的！

等你自己真要一周一次除草、打药、修补房子，新鲜劲儿一过，你就知道这是一件多么无趣无意义的事了，有那个空，陪陪孩子看看书不好太多？哪怕发呆也好！而且加州这边的草坪，一个月光水费都至少上百刀。费钱不说，关键是浪费水，而且除了能看到一片人工的绿色，真的没啥用。为啥不能像国内一样，铺上砖头，留几块土地种棵葡萄，种点花种点菜，又节水又有情趣？美国人就是这么过的怎么了？俺就是觉得这是件无趣的事，而且在自己的房子的问题上，俺的观点最重要。

我最不能理解的就是这边房子后面的游泳池，有泳池，是“高尚房屋”的象征。但一般房子的泳池都巴掌点大，基本是大号澡盆，费无穷多的水，还冰凉，既不能泡，也不好游，还要定时花钱请人清理。可能除了显摆以外，唯一的功用就是可以穿上比基尼在泳池旁边看书比较应景……

上面提到“断舍离”，美国其实是这个世界上断舍离做得最差的国家——这是有数据证明的，美国人每个人平均消耗的资源，是世界平均水平的35倍！美国后院泳池，个人认为就是这违背断舍离的极端例子，为什么一定要在自家后院整这么个无用的坑来？而且通过各种营销手段，让所有人都觉得这个坑很值钱。还有一个典型的例子就是美国人家的车库。你去任何一家人的车库，都从上到下堆满了各种破烂，一开车库门恨不得都哗啦倒将下来。而且美其名曰这就是生活……周末有时间先是买各种东西，然后东西多了，周末再去买架子装架子，乒乒乓乓一通“打理”，还要买各种工具，然后再买架子放工具，然后再收拾，然后再买……时间就这么过去了。来美国的中国人，入乡随俗，车库基本也这形象，这就是生活，是被物质绑架了的生活……所以说房子在很大程度上会决定人的生活方式。要是房子没车库，好像房子要差一些，但你的生活质量很有可能高不止一个档次。

啰嗦到这儿，回到“房子”为什么贯穿我们的一生，归根结底，是因为我们认为房子是“家”。当然它是要贯穿我们一生的，但房子和家，其实只是有交集的两个概念而已。房子的很多方面和家无关（比方说房子的具体地点，多少钱，有没有泳池），而家的很多方面，也和房子无关。多年前我的好友曾帮同事看房子，住在他在北加州的小豪宅里。这房主买了房，有了小三，离婚，供不起房，卖房。朋友暂住的时候，房子被布置得漂漂亮亮的准备卖，布置得到处充满了温馨的家的气息，我们又知道房主的境遇，觉得好不可笑和凄凉。

我看到的和房子有关的最温馨感人的一本孩子的绘本，叫 *The Hello Goodbye Window*，讲一个小男孩去奶奶家，奶奶家厨房的那个窗户。男孩每次在那里和奶奶爷爷做鬼脸打招呼，在厨房里的窗边吃饭，奶奶给他讲小时候给他在厨房的水池子里洗澡，然后奶奶透过窗户，看他在院子里玩各种恶作剧，在窗前度过快乐的一天，走的时候也在那里说再见。其中有一段，是他和爷爷晚上会在窗户里看到两个人的影子，然后说"Hey you, what are you doing there? Come here come here!（嘿你在那干吗呢？过来过来！）"然后两个人笑得前仰后合。我和儿子看这段的时候，我们住在租来的房子里的玻璃门旁边，正好是晚上，我俩看到这玻璃门，看到我们俩的影子，开始大声喊，"What are you doing there？ Come here come here!"然后笑得前仰后合，那一刻，那就是家。租来的房子里的温馨的家。

那些公益教我的事

文 | 林红

好朋友 Autumn 喊我为“奴隶社会”写一篇文章。我说《那些离婚教我的事》已经被你写得淋漓尽致了，我写什么呢？她说，你就写《那些公益教我的事》吧。

2010 年春天，我离开微软加入一家公益基金会。很多朋友都问我是哪支基金，还有些朋友见面就掏钱请我吃饭。其实，这也是份工作，一份非常有意思的工作。

刚加入基金会的时候，我对公益几乎一无所知。上中学的时候我用卖报纸的钱捐过希望工程；在微软的时候我参加过引导盲人参观“卢浮宫艺术触摸展”的志愿活动。That's it。但是我坚定地相信，everything is connected。我接到的第一个任务是做一个资助公益人的项目——“银杏伙伴成长计划”。

人生总是无巧不成书的。在离开微软之前，我刚好看了一本书叫《如何改变世界》。大意是讲 30 多年前，一位曾在麦府工作了近 10 年的咨询顾问 Bill Drayton 萌发了一个想法，他认为世界上存在一种人：他们在看到某个对他们来说意义重大的社会问题时，会产生一种不可遏制的冲动要去解决它，并且立即采取行动，百折不挠。他们可能会以一种创新的方式，大规模地、系统地解决这个社会问题。他花了 2 年多的时间，在全世界深度访问了 N 多人，写满数以千计的

3.5 英寸的小卡片。最后，他验证了自己的假设，并且建立了一个叫 Ashoka 的组织，开始在全世界系统地寻找和资助这些"社会创业家"（Social Enterpreneur）。这些社会创业家有的是印度的福利工作者，有的是巴西的护士，有的是匈牙利的一名智障儿童的母亲，他们貌似非常不同，但他们都乐于自我纠正，乐于分享荣誉，乐于突破自我，乐于超越边界，乐于默默无闻地工作，并且有强大的道德推动力。当时我一口气读完这本书，心里像装了一只小鹿，我对自己说，这是我想做并且可以做得很好的工作。

在研究了基金会的使命、愿景、价值观、战略、资源等等之后，在做了市场状况调查、客户研究等等之后，在召开了几次机构层面的头脑风暴、研讨会、决策会等等之后，《如何改变世界》成了我的教科书。我从每一个细节里寻找操作的要点，试图还原一套系统，就像当年看着竞争对手的产品说明书和几段的程序碎片，在硅谷的 startup 里写一个网络存储的产品代码。

当时一位 Ashoka 的资深项目主管听了"银杏计划"的介绍后，对我说，在过去 30 年中我访问了很多人，与他们交谈是对我工作最好的回报。他们每一个人都非常不一样，甚至很古怪，但是等你见过足够多的社会创业家，你一眼就可以把他们认出来。放心去做吧，不要怕，会有很多人会恨你的。

在过去的 4 年半当中，我每月大概出差 5~10 天，每年大概工作 3000 小时，深度接触过超过 150 位与公益相关的青年人。大多数是 NGO 的领导人，但有很多是"说不清楚"的人，比如当时刚刚建立果壳网的姬十三；《云之南》国际纪录片电影节的策展人；比如辞去工作创办《碳商》杂志并组织各类展览沙龙推动可持续发展的财经记者；比如推广"亲近母语"的师范学院教师……我不知道有没有人恨我，但我深深体会到能见到这些社会创业家，就是对我工作最好的回报，因为他们教给我太多的事情。在这里先分享两件：

克服无力感的唯一办法就是行动。

和很多人一样，当我呼吸着雾霾，穿过肮脏混乱的街道，进入一个公司庞大的体系中去工作的时候，我觉得自己没有选择。这种无力感让我慢慢地开始不戴口罩，不走人行横道，不再分类垃圾，不再准时开会……就算我一个人做好了，那又有什么用呢？

第一个冲击来自“自然大学”的校长。他介绍对中国整体环境状况的看法时列举了很多数据和案例，最后面无表情，非常 the matter of fact 地说，中国的水和土地已经被全面地、深化地污染了，已经超过摆点，不可逆了。我的心拔凉拔凉的，等着他放下白板笔。谁知他转过身，又继续写写画画，而且越来越眉飞色舞，标记出哪里有活跃的环保 NGO，哪里发生了什么环境事件，最近他们支持小伙伴排查污染口，帮助某农民状告韩国污染企业……

我访问的第 11 位银杏候选人在甘肃民勤种梭梭林。他家是五代民勤人。他外出打工的时候看见报纸上说，专家认为民勤很快就会变成第二个罗布泊。他觉得“这不行”！他在城里的图书馆找到了一个 70 年代的研究成果，可以在梭梭的根部嫁接肉苁蓉，一种中药材。他觉得这个办法可能会带动大伙儿来植树固沙，就立刻回家开始尝试。我站在村子外面的梭梭林里，其实就是长着比膝盖高一点的荆棘林的沙地，感到在腾格尔沙漠面前，一个人，一千亩，三年时光，都小得让人心酸。而他兴奋地挖开一株梭梭的根给我看如何埋水，如何嫁接。他知道降水每年在减少，上游的水库导致下游的地下水水位越来越低，沙漠每年在扩大。在他家的墙上有一张民勤的地图。他坚信“产业治沙”的概念可以带动当地的农民和全国的志愿者种出一万亩甚至更多的梭梭林。在他家的房前种着松树和柳树。这在这片只能用一杯水洗漱的地方，显得有些“出画”。他说这是我爸盖的房种的树，可惜他已经不在了，但我不能让它被沙埋了，我要传给我儿子。

后来碰到一位“大自然保护协会”的项目官员。她说我羡慕那些做教育工作的人，因为有希望。而我每天都在体会一个词，叫“螳臂当车”。我站在一片原始森林里，我听到不远的地方有电锯的声音，我知道再过一段时间我站的地方就会变成什么样子。但是当我听说，再牛的事也经不住傻瓜式的努力，我选择努力。

我不知道解决环境问题的摆点过了没有，或者这个世界会好吗。我现在又开始分类垃圾，尽量把盒子压扁；我在凉台上养了茉莉花，用洗菜水浇花；我宁愿少吃点，也尽量买有机的食品……因为我意识到无论个人的选择有多大影响，尽管我有很多选择，克服无力感的唯一办法就是做自己的选择，然后行动。

原来每一个视角都是有道理的。

与“阿育王伙伴项目”不同的是，“银杏计划”不但寻找和资助社会创业家，而且通过年会和海外考察等集体活动，制造机会让这些伙伴相互了解，产生“化学反应”。由于这些社会创业家有着不同的教育背景，生活经历，个人信仰，工作领域等等，每一个问题落在这个群体里的时候，都会激起一片浪花。

有一次一个伙伴请来了一位做人力资源管理的培训师，给大家讲讲发展期的机构如何进行绩效管理。老师举了“三个和尚”的例子，以及如何通过有效管理让寺庙有100个和尚，非常有序地挑水用水。当一部分人听得津津有味，埋头做笔记的时候，一位伙伴站起来说：“请问这个庙里还有几个和尚在念经？”培训师愣了一下，然后试图说明这个问题跑题了，但又感觉有些相关性，最后擦擦汗，很友好地说：“我没有想过，这是一个很有意思的问题。”这时候，又有一个人站起来说，我听懂你在说什么了，但我不会用这些方法，因为人不是工具。而另一部分人开始说，用不用是后话，了解一下有什么不好。再有一部分人表示，NGO 当然应该借鉴企业的管理经验。还有人说，要尊重培训师……场面一度十分混乱，大家完全不在一套话语体系内……

这样的场景经常发生，比如请 Autumn 来介绍麦府的研究方法，当她提起“二八法则”的时候，有人举手问：这是一种价值观吗？我当场石化：“这是我们的世界中的客观定律啊，难道还有别的可能性吗？”是的，这个人说，因为我们关注的问题就是那些难做的，落在后面的 20%，为此我们愿意花 100% 的努力。后来她一个人去流动人口社区开了一家儿童图书室。她说我什么也不做，就是每天去开门，把桌子擦干净，然后看着他们长大。

最近的一次冲击来自“冰桶挑战”。这场几亿人围观的盛事，引发了关于“快乐慈善”还是“作秀狂欢”的讨论一点都不奇怪，但当一个基金会的工作人员愤慨地指出“这太浪费水”的时候，我才知道河南大旱，而他的家里颗粒无收。所以有人在指责讨论浪费水是“鸡蛋里挑骨头”的时候，我知道只因为他不知道。

这就是我离开微软之后，感受到的最大不同。原来在我自己的认知体系之外，还存在许许多多不同的体系。面对一个复杂的社会问题，我们不是要去寻求一个一劳永逸的“解决方案”，而是要建立一种能让不同的人坐在一张桌子旁，彼此沟通，达成共识，保持平衡的机制。为此我们永远需要让自己的心里留一个“怀疑的空间”，这样才能发现原来每一个视角都是道理的，自己的世界并不在宇宙的正中央。

公益教我的那些事，让蜷缩的我慢慢伸展，有勇气去相信，去与人联结。我评价一份工作与一段爱情的标准是一样的，它是不是让你成为更好、更完整，视野更广阔的人。

“银杏计划”的评委叶祖禹先生说：我们永远要面对自己的选择，并为它担负起责任。在我的体验里，痛苦是有的，因为我们只是普通人。但是每一步的努力都不是白费的。我们最终努力走过的其实只是我们自己。有时候我们辛勤地努力，而且努力了很久，但是并没有看到我们想要的结果。生命理想的绽放有它的时间，有时候我们甚至会看不到。我们都只是无穷无尽的大海里面的一滴水。但是请别忘了，我们也是大海。我们的本分就是尽心尽力去做好我们当前的事。尽心尽力，顺其自然。

作者简介：林红，日内瓦大学计算机学士，威斯康星大学计算机硕士，曾在硅谷的 Startup，Sun，Microsoft 工作。到基金会后，去过很多灾区、非灾区、城市和农村。我深深感到可能环保、教育、医疗等等都是亟待解决的问题，但最关键的是我们的社会缺乏“信任”这种流通货币，所以每一个 transaction 都那么艰难。社会组织，社会创业家就是在“生产信任”。这是一份复杂的，需要勇气与耐力的工作。很幸运，我在做这样一份工作，并且能用上我的一切经历和知识。

“银杏伙伴成长计划”常年面向全国接受推荐。欢迎推荐你身边默默无闻的公益行动者。www.naradafoundation.org/html/yxjh.html

附录

《女神经过》推荐

“每个人都是一个深渊，俯看时令人头晕目眩”。这是我一生最爱箴言，没有之一。它提醒我保持谦卑，未敢轻视貌庸碌的任何一枚路人甲，它也让我向往精彩，因为太多次，那路人甲的井口向我打开，亮瞎了我的眼。读“奴隶社会”于我，就是一个路人甲“深渊大爆炸”的过程。我看到的第一篇，是那个女主绝症男主不渝的故事，看完犹如有人在脑后敲钟，回响连绵。不仅因为情节动人、文笔喷饭，更因为她就在我身边，却是一个我不知道的深渊。我所在的世界是势力的，没多久就依据某些尺度，将人贴上“牛”或者“不牛”、“灵”或者“不灵”的标签。我喜欢“奴隶社会”，因为它搅动了一池池春水，让那些隐藏很深的努力与思考都浮出水面。每天挤在早高峰地铁上，我艰难地举起手机读一段，并由此相信周围每张或狰狞或惺忪的面容下，都有万丈侠光。互联网精神在我看来就是这样，我是“奴隶社会”的路人甲，我为自己代言。

By Autumn

说句实在的，我就是冲着“某高大上咨询公司合伙人”这个噱头来的，瞄一眼在我这种屌丝世界够不到的异次元里究竟有些什么样的神人，看看他们“装逼”，看看他们“逗比”，然后俺就撤。爬上来一看，擦，满眼的水深火热；擦，满眼的烈火烹油；擦，我太喜欢了，我就是喜欢看名人的不容易。看他们的爱恨情仇，看他们的悲欢离合，看他们被工作和生活虐得死去活来，用他们涅槃的痛苦心力来疗自己的伤太对症下药了，现在我觉得我的人生进来了光，进来了影，开启了我的光影人生。

By 冒烟的 QQ

我应该算是“奴隶社会”的粉丝了吧。其实从来没粉过什么，主要时间有限，没功夫畅游各种海量信息。也就是“奴隶社会”的文章看了不少，同时笔懒手拙的我居然在诸主的鼓动下也把自己的处女作和第二篇都贡献给了“奴隶社会”。

“奴隶社会”对我的魅力是她满足了我的两个人性的最基本需求：爱与被爱。过去已经习惯了那些平时只在职场上熟悉的男神、女神的面孔，“奴隶社会”让他们在褪去了职场的外衣后让我有机会看到他们丰富的内心、情感、精神追求，当然还有才情和幽默。不管是认识的还是不认识的作者，突然一个个从一个简单的类似符号的同事、同行、同代人变成了那么有血有肉有思想有丰富内涵的人，让我觉得自己突然离他们那么那么的近，近得我想拥抱他们，不是用胳膊，而是用内心与思想，生活里好像一下子充满了这么多可爱的人，生命多美好！或许是需要有存在感吧，跟许多人一样，我也希望能对别人有用，突然发现“奴隶社会”给了我一个很好的机会，把自己的一些点滴体悟总结成我在意的很多有才情有思想有追求的人或许也能产生共鸣甚至受益的东西加以分享，每次分享过后是一种自己还可以帮到别人的满足和小小的成就感。于是自己也像打了鸡血一样充满了电冲进每日的忙碌继续乐此不疲。同时开始盘算下一次还可以分享些什么。

By 余进

每个人都是一座孤岛。但深深的海底也许有山脉蜿蜒相连。是什么让我们相连？

在心里有一团火不用来炖心灵鸡汤；

悱恻了一段情但追忆不学琼瑶阿姨；

女汉纸超人妈勇敢冲啊谁说女人的名字是弱者？

有理想有追求也偏不向成功学路上淘金；

喜欢走小路而惊艳于路上有花，不喜欢直给的目的和教育意义。

终归，我们都是生命的奴隶，也都是命运的主，不折腾不精彩，不偏执不成活。欲我入那良夜，有梦、有趣，欢呼这流星的光耀，弹琴复咆哮。

我们从来都是小众，如果，你懂的，那就来吧，一起赞赏！

By Effie

从小就容易被 role model 激励，每次看名人列传、励志电影都会激昂好些天；现在淡定很多，但是依旧渴望去了解各路神仙们的生活，给自己无尽的正能量，告诉自己：你加油，也可以！在这里，有女神们的喜，让你感受遥不可及的同时，由衷祝福可以传递；在这里，有女神们的怒，让你明白神仙其实也有脾气；在这里，有女神们的哀，让你知晓光鲜的生活并不都是那么如意；在这里，有女神们的乐，真情流露，嗔笑嘻哈，那么的真实。每当我彷徨、沮丧、犹豫的时候，我都会上来翻看几篇文章，让我有力量坚持下去！

By Simei

忙着包圣诞礼物，突然想起来还有一份作业没交。命题作文着实让大娘有点挠头。凭啥让各位大爷大娘小哥小姐们赏脸来瞧瞧咱们斗文耍宝？凭着励志激扬？还是奇文异思？似乎都不大够得上。转念一想，似乎又明白了。读字，其实是瞧人。这一众人等面子里子杂色纷呈，脾气秉性各不相同；回到根儿上，却又都是文艺青年，性情中人。有趣好玩大概就在这里。就像这包礼物，其实图的是过节的喜庆

By 沛言居士

童话里都是骗人的？No，那是万恶的“旧社会”；已婚女人死鱼眼、孩他妈碎成渣？No，“谣言”需要粉碎机——移动互联网时代“奴隶社会”！快看这群没有被孩子毁掉的文艺女青年如何携夫带子职场拼杀终成超级妈妈！来吧，撕掉皇帝新衣，学习《女神经过》，对，就是现在！

By“奴隶社会”超级妈妈群大群主 @OIQT

“让我不断审视自己的世界。变得更加安静、坚定、勇敢，并且有心情锤炼智慧。即使没有好看的图片，只是干净的文字也是力量强大。即使她在有时候略显傲娇，我还是很欣赏这样的精神世界，是高于我又有共鸣有启示的的世界。澄净而美好，自省而骄傲。这个世界上有很多伟大且有智慧的人，说过很多箴言，但在“奴隶社会”里，我能听到自己世界的回音，有因为羞愧而逃离的脚步声，有叹息，有顿悟，有会心的轻笑还有欢欣鼓舞。我大概还是无法清晰的解释我为什么留恋“奴隶社会”，正如我尢法解释为什么菜市场会让人感到欢愉、为什么有白发如新倾盖如故、为什么墨菲定律总是那么准。”

By 微风香水（不想当美厨娘的花匠不是好老师）

2014 年 9 月初，一位好友给我推荐了一篇文章。那时正在经历感情挫败阵痛的我第一次因为读一篇网络文章，哭了。就是那篇《那些离婚教我的事》，成为第一篇我在微信里收藏的文章。从那天开始，我订阅了“奴隶社会”公共微信号，一段谈起来在很多人心里“呵呵”一笑的精神之旅开始了。 我喜欢“奴隶社会”的文章，有逻辑，不浮夸；不用绚丽的形式堆砌，只有言之有物的观点。可能是物以类聚吧，以一诺和华章为中心的一帮有着优秀背景、精彩人生的作者们贡献了一粒又一粒的精神食粮，引领着像我这样的涉世尚浅的人看到了逐渐清晰的方向。也正是因为这样一群人，让“奴隶社会”在鱼龙混杂、东施效颦的千万个公共微信号中占据了独特的一席。

就像“奴隶社会”的 slogan, 不端不装有趣有梦。我希望成为这样的人。难道你不是吗?

By 坐标妹儿

为哈喜欢“奴隶社会”？因为里面的文章基本都愿意从头读到尾，而且能懂，有时会笑，偶尔噙泪。两位创办人的积极状态电力满格，读毕就好比喝了咖啡以后，对于我这样常常在消极无为的心态中徜徉的小孩儿来说，算是有点振奋精神的作用。同时，能在时下脑残篇狗血篇忽悠篇漫天飞的现实世界里，感受到智力水平和大脑开发的需要也是一个喜欢它的重要点。很棒。

By 高方晨

作为“奴隶社会”的忠实粉丝，我一直在默默地关注着它的成长。“奴隶社会”不是一个搬运工，而是一个生产商，生产的都是高品质的好文，这是最难能可贵的。这些文章的背后是很多颇有成就的精英人士在分享自己的智慧与人生态度。但这些并不是励志的鸡汤，呈现在我眼前的是一个个鲜活的生活在这座城市中的人以及他们内心生生不息的火苗，在偶尔风雨交加的人生路上给我以启示和指导。希望它能成长得更好，给更多人力量。

By 张娴 人生分叉路口的大四狗

大多数人在 make a living(糊口谋生)，少数人想着 make a difference（影响他人）。我做记者的时候，有时候采访别人到了饭点儿，好几次，侃侃而谈的牛人忽然开了一瓶酒说，我叫点外卖你们也随便吃点？然后大家盘着腿坐在地上，天马行空。后面那一段，我才觉得是真的认识了一个人。真的认识一个人，才知道他也会手足无措只是知道深呼吸 10 下让自己平静（立马学会！），也没有比人家多一个小时只是知道等咖啡滴下来的时候做深蹲（立马学会！），也没有比人家伟大只是觉得人生应该过得更有意思。作为一个据说会用整个人生来追求“experience”的射手，我好喜欢“奴隶社会”，就是因为这里有好多这样“更有意思”的人，他们过着有漂亮亦有困难的小日子，而他们的 icon 就是他们都在用自己小小的努力 make some differences，无论是对自己的人生，还是能够影响一些些其他人。

By 吴小湄

这一年，过得真快。刚还在 office 感叹一架客机接着一架客机失事之生命无常，岁末已被卢布贬值之剧和 A 股上证指数涨幅之巨的话题包围，资本市场被接二连三的造富 IPO 和天价风投项目充斥，人心浮躁。

这一年，我有了女儿。陪伴生命之初这 100 多个“没日没夜”，几乎让我和这个浮躁又快节奏的世界隔绝，尽管短暂，一度感觉孤独、被遗忘和焦躁，就像派对狂欢后的落寂。于是，女性的社会角色，家庭事业平衡，生命的意义，纠结着我。每一天我们该怎么度过？生命中每段关系该如何处理？

这一刻，“奴隶社会”一周岁。是一诺职场母亲的坦诚分享，是华章美好大家庭的真实展现，是聚集在“奴隶社会”可爱人儿的精神陪伴，助我走出这段抑郁时光。

来吧，如果你渴望“不端不装”，渴望“没有面具”，渴望“全心去爱”，这儿有梦有趣，更有答案！

By 鲜橙贝贝

人在心理上是从什么时候步入衰老的？对未来不再期望，对当下又毫无温柔。人生似乎再无其它可能性。但幸好，虽然我已年过三十，在家煮妇超过六年，仍没有人在我耳边叨叨，你都已经怎么怎么了，你就应该怎么怎么样。在“奴隶社会”，认识的不光是女神、男神们光鲜的履历和故事，更是一个个认真生活的人和拒绝无趣的灵魂。就像某张生日贺卡上写的那样，不久之前你还认为，三十岁已经很老了，现在你终于知道，派对才刚刚开始。愿不端不装、有梦有趣的精神照耀每个人。

By Chenchen

好吧，必须承认，一开始并不觉得“奴隶社会”是我的菜。职场成功的学长对自己人生经历的总结与分享，更适合激励追逐梦想的年轻人。对我这种自觉人生路都看清楚了，大道理也都懂的人来说，重要的是践行。然一路看下来，越来越多的感动。这些我给贴上“励志”标签的文章后面，是一个又一个鲜活的、充满激情的生命。失去激情，心灵必将死亡；知而能行，才可谓真知。不端不装、有梦有趣，正是将激情与梦想融入生活，认真践行的一群人呀！我终于还是被激励了。爱你赞你，故与你同行。在路上。

By Susan Liu（娃妈，大学老师）

从学校的讲座认识诸主，从此认定她是一面之缘的导师。送一首歌吧！毕业过后不一定有美好的天空（学校说）/ 不是天晴就会有彩虹（社会说）/ 所以你一脸无辜 / 不代表你懵懂（师兄师姐说）…// 孤独尽头不一定惶恐（找朋友）/ 可生命总免不了 / 最初的一阵痛（找工作）// 如果真值得歌颂 / 也是因为有读者 / 才会变得闹哄哄（给“奴隶社会”）/ 天大地大 / 世界比你想像中朦胧 / 我不忍心再欺哄 / 但愿你听得懂（给师弟师妹）。

By 周园 清华博士生

“奴隶社会”让我看到了更宽更广的世界。这里已成为一个供我静心领略，汲取养分的空间，让我感到有一群志同道合的人组成一个坚实可靠的团体，纵然大家海角天涯素未谋面。感谢上天让我那次点开朋友圈的分享遇到“奴隶社会”，感谢每天的推送带给我的收获与惊喜，感谢这么多不端不装有梦有趣的人带给我的知识与感念。

就是喜欢，任性！让我的话印成铅字吧！！！！

By 河声碎，想学天文的小会计

最早是通过阅读朋友转发来的文章接触到“奴隶社会”的，由于我一

般只看感兴趣的文章，很少注意公众号，所以一开始也没有特别的印象。后来发现看到的文章里频繁出现了“奴隶社会”的标识，出于好奇就点击进去浏览了一下，结果就像发现了新大陆一样兴奋，开始每天追着看推送文。总的来说，我比较喜欢的一个是介绍前沿科技的文章，或实用或开拓视野；另一个就是工作、生活类的，没有鸡汤文、成功学的虚幻，更多的是现代文明理念、真情实感和平常生活的点点滴滴，读来感同身受，又鼓舞人心。愿“奴隶社会”越办越好，给大家推送更多好文章！

By 杨梅

为什么喜欢“奴隶社会”？我能告诉你仅仅是为了里面有个我崇拜的奴隶主？或者告诉你是为了了解普通屌丝难以得知“高层次人士”的生活方式？还是崇高地告诉你为了扩大知识面和有益的朋友交流圈子？甚至告诉你因为我正在追《此岸》？ ...... 或者都是，但也都不是。有些喜欢就像爱情那样，哪怕它来的时候没有参照你原本设计好的剧本出现，但是你就是喜欢上了。少一分不够，多一分嫌多。

By Sasha 来自“奴隶社会”广州二群，我们群有个很会做吃的 nice 长老。

第一次看到“奴隶社会”的文章，八月的一天，《那些离婚教我的事》。

当时的我，大女儿五岁，四月份怀上的双胞胎在七月份意外流产了。和认识二十年结婚十四年的丈夫的离婚协议书刚刚写好。父母还不知道。

那篇文章令我哭得稀里哗啦因为感同身受。然后我发现 autumn 是我多年未见的大学同学（不熟，寝室走廊 say hi 的那种）。印象里的她充满能量，不想也曾经这样脆弱。突然释然，觉得我已经够勇敢坚强理性，原来即使崩溃一下也是蛮正常的。

By little 非

“奴隶社会”的特点是牛人多，说人话，大学道理小学讲，特别适合我们这种资质平凡，不甘平庸，想要坚持自我又要改变世界的年轻人。在这里，我看到精彩人生的更多可能，也重温平凡岁月的点滴感动。很庆幸在喧闹的世界，遇见这样一座欢乐的灯塔，招呼伙伴谈梦想，给点干货给点光。

By 冯博 football，逗比地战斗在互联网金融圈，努力成为文艺的有钱人

有时候不得不惊叹人与人之间的关系如此微妙，事实上，在“奴隶社会”里读到了几个原本生活中相识而并不算相熟的人的文章，这种精神上碰撞而重新连接的感觉真是太美妙了。我始终相信人行走在这个世界上，是需要一种情怀的。这样的情怀可以在孤单的时候不至于自我怀疑或放弃，更可以在碰到“气味相投”的灵魂时收获“原来你也在这里”的惊喜并得以升华。“奴隶社会”让我得以与同样有情怀的人一路同行，或远或近的惺惺相惜，有你们真好！

By mengyunqiao

与“奴隶社会”邂逅的时光

与“奴隶社会”的结缘纯属偶然。一天，在浏览一个生物科技网站时，有一篇醒目的文章标题“关于癌症你知道多少？”一下子吸引了我的注意力，一直以来对于肿瘤领域相关进展很感兴趣，自然就顺着作者的思路读了下去，被文章作者“菠萝”老师专业、前沿而又不失幽默的笔风深深感染，大大地给了赞，便想继续拜读作者其它佳作，于是回到文前查看作者信息，只有八个字：“奴隶社会”/（治中）菠萝。看这名字，顿生好奇之心，难道是一个微信公众号？便打开微信查找新朋友，首先八个字全输进去，显示无此公众号；再尝试“菠萝”二字，同样的显示；最后输入“奴隶社会”，一个大大的“奴”字映入眼帘，看了功能介绍：不端不装有梦有趣八字之说，深得吾后辈内心之共鸣。于是便迫不及待地选了几篇文章

读了下去，不敢夸张地说字字珠玑，但句句温暖人心确是大实话。在成功泛滥、追名逐利当先的快餐时代，我们缺少的正是这种暖暖的真实故事以及暖暖的内心思考。于是一发不可收拾地，专门花了一个周末的下午时光，伴随着舒缓轻柔的班得瑞的轻音乐，在“奴隶社会”的暖文中，温暖地沐浴在这个本应严寒的江南冬日里。

圣诞节的今晨，充满期待地赞了《女神经过》，期待这充满暖暖文字的书籍早日到货，也期待我周围可爱的朋友们都能被这一个又一个温暖的故事所打动。

记得王小波说过：“我活在世上，无非想明白些道理，遇见些有趣的事。倘能如我所愿，我的一生就算成功。”于我，与“奴隶社会”的邂逅则是一件极其有趣的事，且行且珍惜吧！

甲午圣诞节书于宁波市图书馆

By 杨金飞

表白啦！

目前“奴隶社会”已经成为我最喜欢的订阅号，没有之一哈。关注几周后，已经把所有的文章都从头到尾看了一遍。林怀民先生在云门舞集三十周年特别公演薪传时的致辞，不要忘记出发时的理想，不要丧失冒险和反省的能力，这刚好就是“奴隶社会”给我的感受。在这里遇到的作者都有着赤子之心，对生活同时怀抱着原始的热情和成熟的理性。感谢分享，这世界上每时每刻都有人在努力，为了与各自的理想人生相逢，一起加油！

By Maple

我读到的第一篇文章，是颜宁与一诺这对闺蜜所记录的清华生活，在文章里我看到了苏青，看到了张爱玲，更看到了自己年轻时候的梦想！

做一个真正独立的女性，完全不是嘴上说说的那么简单，不仅经济上要自足，更在乎的是人格与精神上的独立吧？

我的青春付给了计划经济时代，木有可能按照自己的意愿择业生活，这是我们的遗憾！但在你们这些“女神”经身上，我的内心得到了某种满足，意志似乎也有了得以复活的无限空间，这怎不让人兴奋？！

确实，听从自己的内心，任何时候起步，都不算完！我现在也正这么实践着呢，嘻嘻……

谢谢你们，有为又可爱的年轻一代女性！为你们自豪！

一百年的光阴，小脚女人终于站在了世界女性前列……是忍不住吹口哨的情绪唉……

By 金色笔记。白天——资深工程师；黑夜——文艺女青年！

我知道“奴隶社会”是一群不端不装的人，在这个丰富的时代，做着有趣的事情，有着深度的思考。但我更记得在“奴隶社会”平台上阅读的第一篇文章《那些离婚教会我的事》。看完后除了感慨唏嘘之余，心想是什么样的平台，可以让作者完全信任的在上面展示内心最深处的伤痛。经常写文字的人都知道，写给自己的东西，可以肆无忌惮，而面对陌生的眼睛，我们选择挑一副自己最美的面具。而“奴隶社会”，不仅有思想深度，更有生命的温度，让人愿意摘下面具，脱去光环，让人想要靠近，一起取暖。

“奴隶社会”的核心，我觉得是两个字——真实。真实在所选的文章都是有血有肉不浮夸不矫情的故事，真实在一诺和华章写在每篇文章下面的认真的诚意的评论感悟。一个真实的人，总让人觉得特别踏实。一个真实的平台，会让人找到归属。可以看得出来，在平台上发文章的人，一般都是我们目前社会所定义的成功的人，有光环的人，但是在这个平台上他们都直言不讳自己人性的弱点，勇于分享自己的脆弱。而且最重要的，不是为了假谦虚的证明说当时的辛苦才有现在的成功。这种谦虚的骄傲其实是瞒不过大众的眼睛的。当他们经济不再拮据，生活不再慌张的时候，转过头来，很诚恳地剖析着当年犯过的错误，有悔的青春，然后和生活和解，和自己握手，过好接下来的人生。现在的社会，我相信真实才是打开心与心之间最好的通行证吧。

By Spenser Chan

从不知天高地厚手握强弩地学习商科到被现实生生推倒，到意外地发现了天赋、热爱和梦想，在史无前例的自卑和自省时光结识了“奴隶社会”，也许是推文字字玑珠填补困顿，也许是我在文字中学会寻觅出口。此时的我似乎明白，我既然没有站在时间的尽头，又何须四处张望着留恋不已，反观走过的一切滩涂，才明白不挣扎蜷缩是最好的前行，不虚与委蛇是最好的坦荡，不自怨自艾是最大的充实，抛开成就的诱惑驱使，手握梦想的单纯利器，我既选择横冲直撞，又何必战战兢兢。

By Cloveray 蓿小洋果子

放弃了众人眼中的好专业好工作，固执地走上了追梦的独木桥，没有任何专业背景，却选择为了 NYC&designer 的梦想用自己的热爱、天赋和努力与诸多代价并行抗衡，只是一个希望用勇气褪去平庸的女孩。

ps：感谢“奴隶社会”给我带来的种种动力、灵感和每一次的热血沸腾，这一切都成为我孤独的追梦路上又一个强大的支撑，希望开年以后我能够顺利地拿到大美帝的 offer，也希望那时候能把自己的故事分享给“奴隶社会”，祝“奴隶社会”2015 更强大。

一直都在仰望别人，很少低头看看自己。不知道为什么，我觉得“奴隶社会”里的每一篇文章都能激发我心中向上的动力。也许这样讲很俗，但是就是这样。因为没有考出自己的水平，没有走到自己想去的大学，浑浑噩噩地过了一段日子。也许你们的文章给了我另一种生活的途径，原来，还可以这样。即使我是一个人孤军奋斗，也没有关系，我想看见你们，即

使只是你们的影子。

By 青子在北京一所小小的大学里努力一点点改变自己的女孩子

——谢谢一诺姐写的文章，让我知道我还不够努力

“奴隶社会”的文章内容有趣，品种丰富——留学趣闻、职场经验、科学知识、人生感悟，应有尽有。文章杂而不同，却有共性，即让你感受如何去做人生选择。俗气地说，就是帮你树立人生观和价值观，这对于处在人生十字路口的读者来说很具有借鉴意义和参考价值。连载小说《此岸》，更是我这国内非著名法学院毕业生的精神食粮，一份 YY 的饕餮盛宴。每周末历经小说的精神洗礼后，周一便怀揣着满满的人生激情再次投入默默无闻的基础工作。

By 清水热茶

接触到“奴隶社会”以后，心中那个最初的梦想再次被唤醒，意识到人生是可以有多种可能性的，哪怕你现在已经绑在了一条既定轨道上，而且以为会就此了却余生，但只要心中的梦想不灭，愿意为它、为改变而付出努力，一切皆有可能。三十而立，剩下的有效人生最多也不过再一个 30 年，很多事情现在不做也许永远都没有机会再去完成了。感谢“奴隶社会”让我又成长了一次。

by 天上鱼，一个曾经丢失了梦想的小公务员

当我看到你，更像是一见钟情、相见恨晚的恋人。嗯，发自内心深处的喜爱。你是最有“人情味”的“奴隶社会”，而不仅仅是一个微信账号。分享的文章篇篇真诚真挚，这些是作者们曾经经历过、正在经受着、即将面临到的人生感悟。欣赏推送内容，如同我要赴约的情人，总要在一周里单独挑个好时光，认真阅读与回味。读到难过的片段会落泪，看到很厉害的经验会学习，发现不同寻常的看法会思考。在这里，我体会到的是“活

生”的生活，文中的人与事散发的积极向上的温暖，会直达内心的土壤，给予我们成长的力量。很高兴认识你，很庆幸遇见你，很感谢陪伴你。

By 喜音欣

我第一次走进墓地，是 14 岁的时候，在拉雪兹公墓。当时给我的冲击是巨大的，难道每一块碑下面真的有一具尸体和一段无从知道的故事？我觉得非常非常地好奇和遗憾。因此我看到“奴隶社会”的时候，就非常非常地高兴，这里有一个个活着的人和他们的故事。

面对着未来巨大的不确定性，回望百年来的历史，人们纷纷在问，这个世界会好吗？答案肯定是“不知道”，但好在每一个人，都在一笔一画地书写着。希望你，也不仅仅是个看客。

By 林红

这个时代，财富很多意义很少，娱乐很多趣味很少，小清新很多真文艺很少，从众者很多引领者很少，因此“奴隶社会”聚集的朋友们才如此难得，他们追求健全自由的人格与特立独行的态度，从不对人生设限，面对钟爱的事物只管放胆去追。不论年龄老少，他们都“潮气蓬勃”，新鲜如少年。在他们的笔下，你能看到对众多人生难题的解答，你无需照搬他们的答案，只管尽情感受这般勇往无前的潇洒姿态。

By 饮冰

“奴隶社会”最初吸引我的地方无外乎是这些人，他们身上的标签。挺好奇。

看惯了网络上、杂志和出版社过度包装的“完美炫目人物”，其中总有些禁不住推敲的细节和事实让人觉得有缺乏真实和诚意的塑料感。

“奴隶社会”的不同之处在于，这是一群成功的普通人的狂欢。作者们既非含着金汤匙的二代们，也身无权贵的光环。在“奴隶社会”的作者身上，你往往看到的是一个普通青年怀着二逼的梦想，最后牛逼闪闪的成就自我的历程，和他们那个 high 劲儿。

虽然他们一路走来有时貌似不那么优雅，甚至踉踉跄跄：你会看到三个娃的妈居然还上着班出差转战各个城市处心积虑的为娃用吸奶器造奶储奶运奶的心惊动魄过程，离婚的 autumn 分割完财产，坐在房产局的台阶上感受北京冬日阳光的惨淡温暖，以为漫长的无期徒刑即将开始。他们形式不同级别不同的崩溃经历让人感觉“这故事还蛮惨蛮折磨的”。就在读者唏嘘的一刹，换别人接下来结局也只剩同情的眼泪伴随慨叹个世事艰辛了。在她们的战场，你还尚未泪盈于睫，她们已经开始想办法寻对策了，而且真的三下五除二的解决了，完后挺得意，不加掩饰不懂低调的和你分享，貌似用把长发盘个缵儿盘腿坐沙发上那种姿势——我靠幸福对她们来说还真是手拿把攥啊!

但是，你分明能看到无论多么艰难，面临挑战的解决动机和源泉，是她们时刻对内心的关照和对生活的挚爱。

张爱玲曾幽幽地说：生命是一袭华丽的袍，爬满了虱子。嫁了又嫁在既雾霾又堵车的北京过还贷小日子的作者 Autumn 扭头对我们嘿嘿一笑：虱子是新的虱子，明天是新的一天。

By 王馨